数の進化論

加藤文元

はじめに　加藤文元 VS. ド文系の編集者

数学は〝バトル・ロワイアル〟の舞台

最近、数学の学び直しがちょっとしたブームになっているのを感じます。書店で初心者向けの書籍が並んでいるのをよく見るし、大人のための数学教室が開かれたりもしていますよね？　このあいだ、テレビで数学の番組をやっていたんですが、なんとお笑い芸人の方が解説を担当していました。

このブームを牽引しているのは数学好きではなく、むしろ学生時代に数学が苦手だった人のようです。私自身も、高校時代に数Ⅲで完全に挫折して以来、苦手意識を抱え続けています。

おっ、では数ⅡBまでは行けたんですね。それはなかなかのもんです。僕の妻なぞは数ⅠAで「なに、これ？」と固まったまま今に至っています。

……えーと、見栄を張りました。実は私も数ⅠAで「なに、これ？」と思い、数ⅡBで本格的に躓《つまず》いて、そのまま終わってしまっています。ウチの高校の先生は謎に熱血で、授業で「群」まで扱うものだからワケが分からなかったです。

高校生に「群」を教えるとはすごいですね。僕の高校にもクレージーな数学の先生がいて、授業でコルモゴロフの確率論の定式化をやったんですよ。「まずはルベーグ積分論から始めよう」とか言って。ね、ムチャクチャでしょ？

なに言ってるのか分かりません。

ハハハ、妻にもよくそう言われます。

数学好きの人って大体、どうせド文系には分かりっこないと思って「この数式は美しい」とか「私の推し素数はこれだ！」とか言って数学を語りますよね。ド文系の私は「ケッ、ド文系で悪かったたね」と悪態をつく一方で、中学までは授業が楽しかったんだよなあとも思うんです。方程式が綺麗に解けるのは気分がスカッとしたし、図形に補助線を引くのも好きでした。それが高校に入ってからは、三角関数やら微分・積分やら、複素数やら未知の概念がどんどん増えていって……頭がパンクしてしまったんです。

なんか怒ってます？　でも実は、その多様性こそが「数学」という学問の特徴なのです。中学や高校で習った数学を思い出してみてください。最初は数から始まり、次に図形や空間を扱い、さらには関数やベクトル、数列や確率まで詰め込まれていましたよね。もっと踏み込んでいくと、「数理論理学」といって、数学の理論を展開する際の論理の基礎を学ぶ分野もあります。また、最近はプログラミング言語もかなり数学チックになってきている。このように数学は、多種多様な領域の学問がごっちゃに入り乱れて異種格闘技戦を繰り広げている、まさに〝バトル・ロワイアル〟の舞台となっているのです。

これは、ほかの学問には類を見ない多様性ですね。物理学もけっこう領域が広い学問ではありますが、宇宙とか物体とか、何かしらの「物」についての学問ですという説明の軸がある。生物学だったら、生命現象の謎に迫っていく学問。化学だったら、物質を構成している仕組みにメスを入れていく学問。宇宙科学だったら、地球の外に広がっている宇宙空間について探究する学問だと説明できますよね。そのなかで数学だけが、何についての学問なのか、バシッと一言で説明できる軸がないのです。

どうしてそんなことになってしまったんですか⁉

やっぱり怒ってますよね？

私は、これは歴史的な偶然が生み出した結果なんじゃないかと思っています。例えば、江戸時代にペリーの黒船が来航し、幕府は長らく続けていた鎖国を解いて開国へと向かいましたよね。でも黒船来航は宇宙の必然だったのかと言えば、そうではない。黒船が日本を訪れなかった歴史だってあり得たわけです。それと同じように、数学史においてもひょんな出来事が積み重なっていき、今の数学が作り上げられたのではないでしょうか。

数学も最初は単純に、「数」についての学問だったのかもしれません。それが、時間が経つにつれて別の要素がどんどん加わっていった。

例えば、度量衡について考えてみましょう。古代の人間が家を建てたり農地を区切ったりするとき、最初は長さを1、2、3……と単位で数えるような、安直なものの測り方しかしていなかったと思うんです。でもそうしているうちに、たとえ「数」でバシッと書けなくても、「量」を考えるのは大事なんだということに気がついた。そこから平面図形の面積、立体の体積なども、数学の分野に加わったのでしょう。

では、数と図形は必然的に学問として融合されなければならなかったのか？　数学史を見る限り、そんな感じもしなくて。数と図形をそれぞれ別の学問として発達させるとか、図形の学問を優先的に発達させることによって数を理解しようとする、といった様々な試みがなされたこともありました。まあ、結局どれも長続きはしなかったんですけどね。

結局、様々な偶然が積み重なって、数学は多様なものを内包する学問に進化していったのではないでしょうか。

えーー、ということは、もし、いろんな偶然が別の方向に作用すれば、数学が「図形

の学問」や「数の学問」など、複数の学問に分かれていくこともあり得たわけですか。

そうですね。図形だけを学問の領域とする図形学とか、関数だけを追究する関数学とか、それぞれまったく別の学問になってもおかしくなかった。今は数学が得意な人と苦手な人にキッパリ分かれてしまっていますが、もしかすると「私は図形学の成績は良いけど、関数学は苦手です」みたいなこともあり得たわけです。

まずは「数」から始めてみよう

それはもったいない！「数学」という言葉を単純に分解すると、「数」を「学ぶ」ということになりますが、かなり奥の深い学問だということが改めて分かりました。やっぱり、私には難しいかも……。

急に弱気になりましたね。でも、数学を学び直したいのであれば、「数」から始めるのは悪くないかもしれませんね。一番身近なものですし、誰でも簡単に理解できるので。というわけで、この本では主に「数」について扱っていきましょう。

手始めと言ってはなんですが、あなたには好きな数がありますか。

3ですっ。

即答ですね。どんだけ好きなんだか。

3ってちょうどいい数だと思うんですよ。「3人よれば文殊の知恵」「仏の顔も3度」「石の上にも3年」……ことわざや熟語にも多く使われていますよね。2だと何かも
の足りない。

「3年目の浮気」というのもありますね。確かに2年では早過ぎるような気がします。

3といえば、落語家の桂三度さんはかつて「世界のナベアツ」として、3の倍数と3が付くときだけアホになる芸で一世を風靡《ふうび》しました。そこで僕は、3の倍数と3が付く数を

「ナベアツ数」と名付け、1から10のn乗の間にナベアツ数がいくつ現れるか、その個数を求める公式を作ったことがあるんですよ。私はこれに「quasi-Nabeatsu function」、すなわち準ナベアツ関数という名前をつけました。

数学者がお笑いのネタをガチに定義したんですね。

あ、今「ようやるわ」と思いましたね。

いえ、加藤先生ならやると思います。数学を親しみやすいものにしようという試みですよね。やっぱり先生も3が好きですか？

巷《ちまた》では、僕は91が好きだということになっています。2019年に『宇宙と宇宙をつなぐ数学　IUT理論の衝撃』（角川ソフィア文庫）という本を出したのですが、100までの素数の一覧のなかに91を入れてしまったんですよ。これは大変なミス。91は7と13で割り切れるから素数ではないんですよね。2刷目以降は一覧から削除しましたが、あれ以来、

「91はブンゲン（文元）素数」と揶揄《やゆ》されています。でも、私はそんなに悪い気はしていません。91はやっぱり私の推し素数です（素数じゃないけど）。

話をもとに戻すと、数には人それぞれにこだわりがありますよね。ラッキーセブン、七福神などの影響で、7が好きだという人は多いです。末広がりで縁起がいいという理由で8（八）も好まれますよね。逆に、嫌われやすい数は4。死を連想させるからでしょう。

ただ、4を肯定的に捉える国も存在します。ドイツの友人宅を訪ねた際、お土産に塗り物のお椀のセットを持参したことがありました。セットは5客あったのですが、友人は箱を開けた途端、「なんで5つなんだ？」と怪訝《けげん》な顔をしました。ドイツでは1セットは4個の方が自然なのかもしれません。彼らは奇数よりも偶数のほうが好ましく感じるわけですよ。逆に、13はキリスト教圏で忌み嫌われており、絞首台にあがる階段の段数は13だなんて話もありますが、日本ではそんなに気にされない。数に対する親しみは、国や文化によって異なるということですね。

ここまでの話だけでも、人間は数と共に生きていることがよく分かります。

数学のド文系的楽しみ方

お話を伺ううちに、すっかり数というものに親しみを覚え、数学もそんなに嫌いではないのかもと思い始めました……が、ド文系の人間としてはまだコンプレックスを拭いきれません。

いえいえ、敢えて文系と理系を分けて言うなら、数学には文系的な楽しみもあるのですよ。僕がそれにはっきりと気づいたのは、２０１０年に『ガロア 天才数学者の生涯』（角川ソフィア文庫）という本を書いていたときです。

エヴァリスト・ガロア（１８１１〜１８３２）は、10代にして後の数学界に大きな影響を与える大理論を打ち立てたフランスの数学者です。彼は20歳の若さでこの世を去っているのですが、その原因はなんと決闘によって負った傷だということでした。

ガロアの生涯を描くに当たってはまず、彼が暮らしていたパリの雰囲気を知りたいと思いました。パリは19世紀後半にオスマンという当時のセーヌ県知事が大改造をおこない、現在のような花の都になった。ガロアが生きていたのは19世紀の前半ですから、当時のパリは今とは街の様子が全く違うはずでした。そこでヴィクトル・ユゴーの『レ・ミゼラブル』、アレクサンドル・デュマの『モンテ・クリスト伯』、スタンダールの『赤と黒』など、当時のフランス文学を読みまくっていると、当時のパリの雰囲気が感覚としてだんだん分かるようになりました。

そうすると次に、決闘するという感覚が知りたくなった。決闘なんて現代の我々はしないですよね。だから、全く想像がつかなかったわけです。そこで決闘に関するいろいろな歴史書を読みこんでいくと、当時のフランスでは、若者による決闘は日常茶飯事だったことが分かりました。

では、ガロアの決闘はどこで行われたのか。文献を調べると大まかな場所は特定できます。現地に赴いてそのあたりを歩いてみると、起伏に富み、かなり複雑な地形になっていることが分かりました。昔はここに川が流れていたのだろうか……とか、歩いていると様々な疑問が湧いてきて、当時の街路図を見たくなった。ところが、オスマンの大改造があったこともあり、昔の街路図がほとんど残っていないんですよ。それでもいろいろと調べてみて、地図が残っているところを突きとめた。パリ市最古の博物館であるカルナヴァレ博物館（カルナヴァレ－パリ市歴史博物館）に、畳1畳分ほどもあろうかという大きくて詳細な街路図が何十冊も保管されているというんですね。

しかし、街路図を見るためには、博物館の会員になる必要がある。会員になるためには推薦をもらわなければならない。あちこち奔走し、推薦をもらって会員になり、ようやくその街路図に辿り着くことができた。それを眺めるのはとても楽しかったですね。博物館に籠って一日中眺めていましたよ。

そのときです、ふと思ったのは。「僕は今、数学を楽しんでいる」。フランス文学を読み漁ったことも、決闘について調べたことも、当時の街路図を調べにパリまで来たことも、博物館の会員になったことも、全部数学の楽しみだった。数学というのは、これだけ幅広い、思いもかけない楽しみ方をたくさん用意してくれているものなんだと感動しました。

私もじーんときました。

数学というのは結局、人間が作り出したものですから、その楽しみ方も非常に人間くさいのです。では早速、数学の世界にどっぷりとつかっていきましょう。

数の進化論

◎目次

第1章

数学の始まりは「割り算」

「割り算」には目的意識が必要

まずは、高校時代の私をひどい目にあわせた数学が、どうやって始まったのかを考えてみたいと思います。

なんとなくですが、数学は「数える」という行為から始まったのではないでしょうか。古代の人々の生活にとって、ものを数える行為は非常に重要だったと思うんですよね。例えば「あなたは今日、リンゴを2個収穫した。私は1個収穫した。合わせると3個の収穫だ」というふうに、数を管理しなくてはならなかったかと。ある意味で「足し算」とも言えますが、加藤先生のお考えはどうでしょう?

うーん、「数える」ですか。その「始まり」はあまりに昔過ぎますし、ちょっと日常的すぎて「数学」と定義するのは難しいかと思います。もちろん、数えるということが極めて高度な精神行為であることは確かです。人間は牛が2頭いることと、2日が過ぎるという現象を、同じ「2」という概念に抽象化することができますが、それは驚くべき知的能力であることは間違いありません。

しかし、数というシンボルを駆使して、ものを数えることができたからといって、数学をしていることにはならないと考えます。数えるとはどういうことなのかを考え、行為そのものを理論的に捉えるという地点に到達することが、数学である最初の「必要条件」だと思うのです。

そこでですよ。これは学界で認められた学説でも定説でもなんでもないのですが、「数学は割り算から始まった」というのが私の持論なのです。足し算、引き算、かけ算、割り算から成る四則演算は小学校で順番に習いますが、この中で割り算は他と比べて圧倒的に難しいですよね。足し算、引き算、かけ算とは性質が明らかに異なっています。

どういうことか。足し算、引き算、かけ算は、どれも答えは１つです。ところが割り算だけは、何通りもやり方があって、答えが１つに定まらないのです。

例えば、17を６で割るとすると、

①17÷６＝２…余り５

②17÷６＝２・８３３３３３……（小数展開）

③ $17 \div 6 = \frac{17}{6}$

このように、3通りの答え方が出てきますよね。

17個のリンゴを6人で分けようというときは、求められる答えは①でしょう。1人2個ずつリンゴをもらって、余った5個は誰かが余分にもらうか、テキトーに切り分けて食べちゃえばいい。17万円を6人で分けようというときは②で、小数展開までやってみる。分け前は1人2万8333円で、ジャンケンで勝った1人が残った2円を余分にもらえばいい。確率が知りたければ③が見やすいかもですね。このように割り算をおこなうときには、自分がどのような答えを求めているのか、ある程度の目的意識をもつ必要がある。そこに、私は人間の精神活動の息吹のようなものを感じるのですね。

古代エジプトの方法——すぐ2倍したがる

なるほど。では、割り算はいつ頃、誰が始めたのでしょう？

現代に残されている様々な文献を確認すると、割り算は古代文明においてすでに始まっていたことが分かります。古代エジプト人なんかは、実にややこしい割り算をしていたんですよ。実際に先ほどの「17÷6」を、古代エジプトのやり方で解いてみましょうか。あらかじめ忠告しておきますが、実に難しいですよ？

まずは、割る数である「6」に着目し、作業を進めていきます（次頁、図1―1）。

紙の一番上に6を書いて、その右側に1を書いておきましょう。これを1段目として、下に向かって2段目、3段目と計算をしていきます。2段目には1段目の数をそれぞれ2倍したものを書きます。左側は6を2倍して12、右側は1を2倍して2ですね。左側と右側には同じ数をかけなければなりません。

3段目では、左の数を1にすることとします。これまでの決まりに沿って計算すると、右側は$\frac{1}{6}$になりますね。ただ、当時のエジプトには分数の概念がなかったから、6の上にバーを付けて$\frac{1}{6}$であることを表しました。

ここからは3段目の1を基準に計算していくことにします。4段目の左側は、1を2倍して2と書き、右側は$\frac{1}{6}$を2倍して$\frac{2}{6}$、すなわち$\frac{1}{3}$となるから、$\bar{3}$を書き込みます。

図 1–1

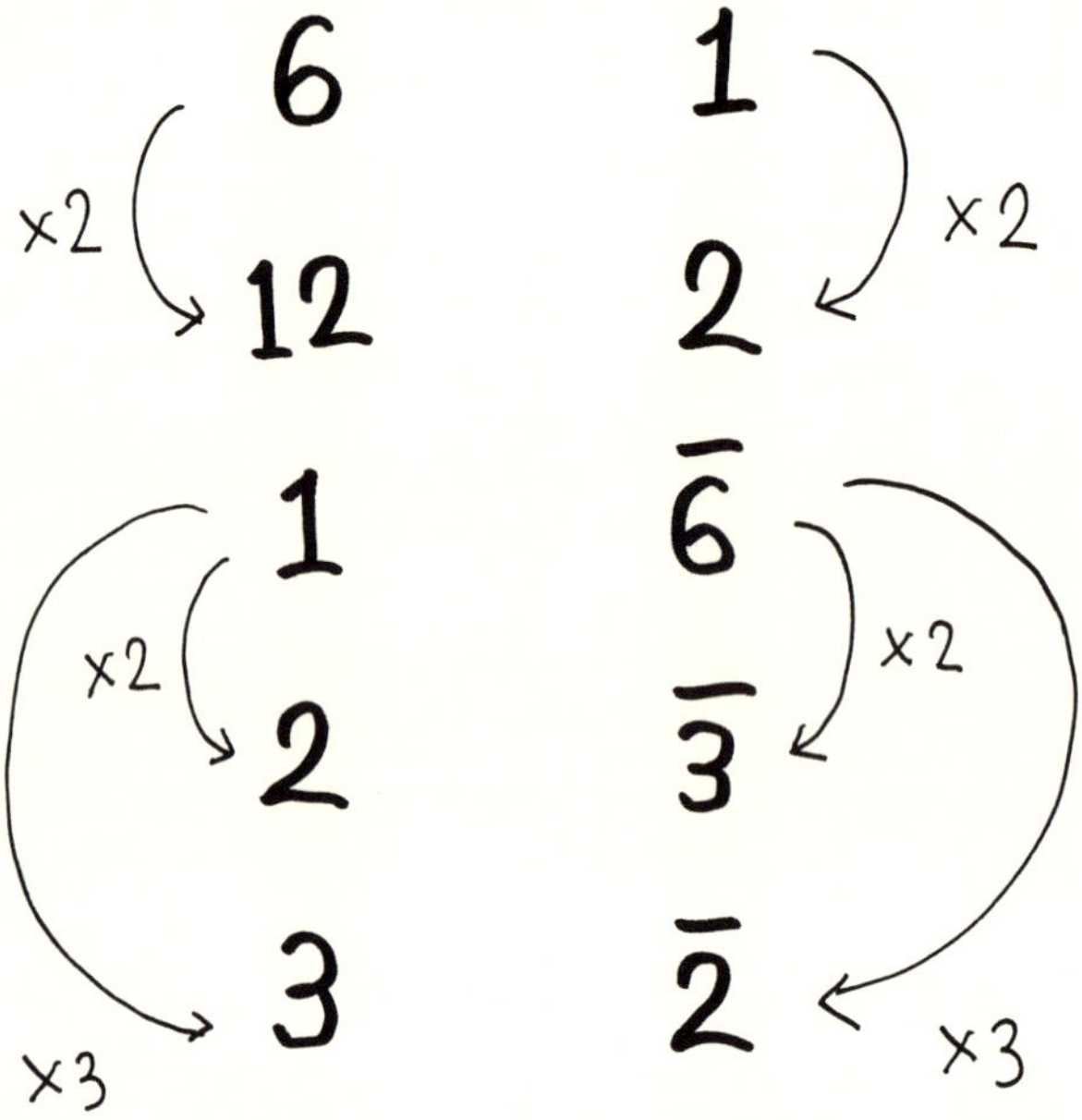

$$\frac{17}{6} = 2 + \bar{3} + \bar{2}$$

$$= 2 + \frac{1}{3} + \frac{1}{2}$$

5段目の左側は1を3倍して3、右は$\frac{1}{6}$を3倍して$\frac{3}{6}$、すなわち$\frac{1}{2}$となるから、$\frac{}{2}$になる。

何がなんだか分からないです!!

あ、また怒り出した。まあまあ、見ていてください。これで材料は全て揃いました。各段の左側の数に着目しましょう。2段目の12と4段目の2と5段目の3、合計すると17になりますよね。それぞれの右側を足したもの、$2+\frac{}{3}+\frac{}{2}$が「17÷6」の答えになります。現代の数式に直してみると、$2+\frac{1}{3}+\frac{1}{2}$ですね。

あ、びっくりです。計算してみると、ちゃんと$\frac{17}{6}$になりますね。だったら普通に$\frac{17}{6}$と書けばいいのに、なんでこんなふうに表記してしまうんでしょう。

古代エジプトの割り算はどうも、分数を「単位分数（分子が1であり、分母が自然数である分数）」に分解することを目的としていたようなんですね。先ほど計算した図は、その分解の過程を表しています。
なぜそんなことをしたのか、背景や理由はよく分かっていません。彼らにとっての割算は、我々にとっての割り算とは、目的もセンスも全く違ったのでしょうね。おそらく「割り算というものをやっている」意識もなかったかと思います。
ちなみに、古代エジプトはかけ算も面白いですよ。試しに、13×17を計算してみましょう。先ほどと同じく、1段目、2段目……と計算していきます。1段目は左側に17を書いて、右側に1を書きましょう。2段目は、それぞれの数を2倍にするんです（図1-2）。

また、いきなり2倍するんですね。

彼らにとって「2倍する」というのはすごく自然な操作だったようです。2段目の左側は17の2倍だから34、右側は2になりますね。3段目も2段目の数を2倍していきます。左側が68で、右側が4。4段目も同じように2倍して、左側が136で、右側が8です。5段目は右側が16になりますが、13×17の13を超えてしまうから打ち止めにしてしまいます。

図 1–2

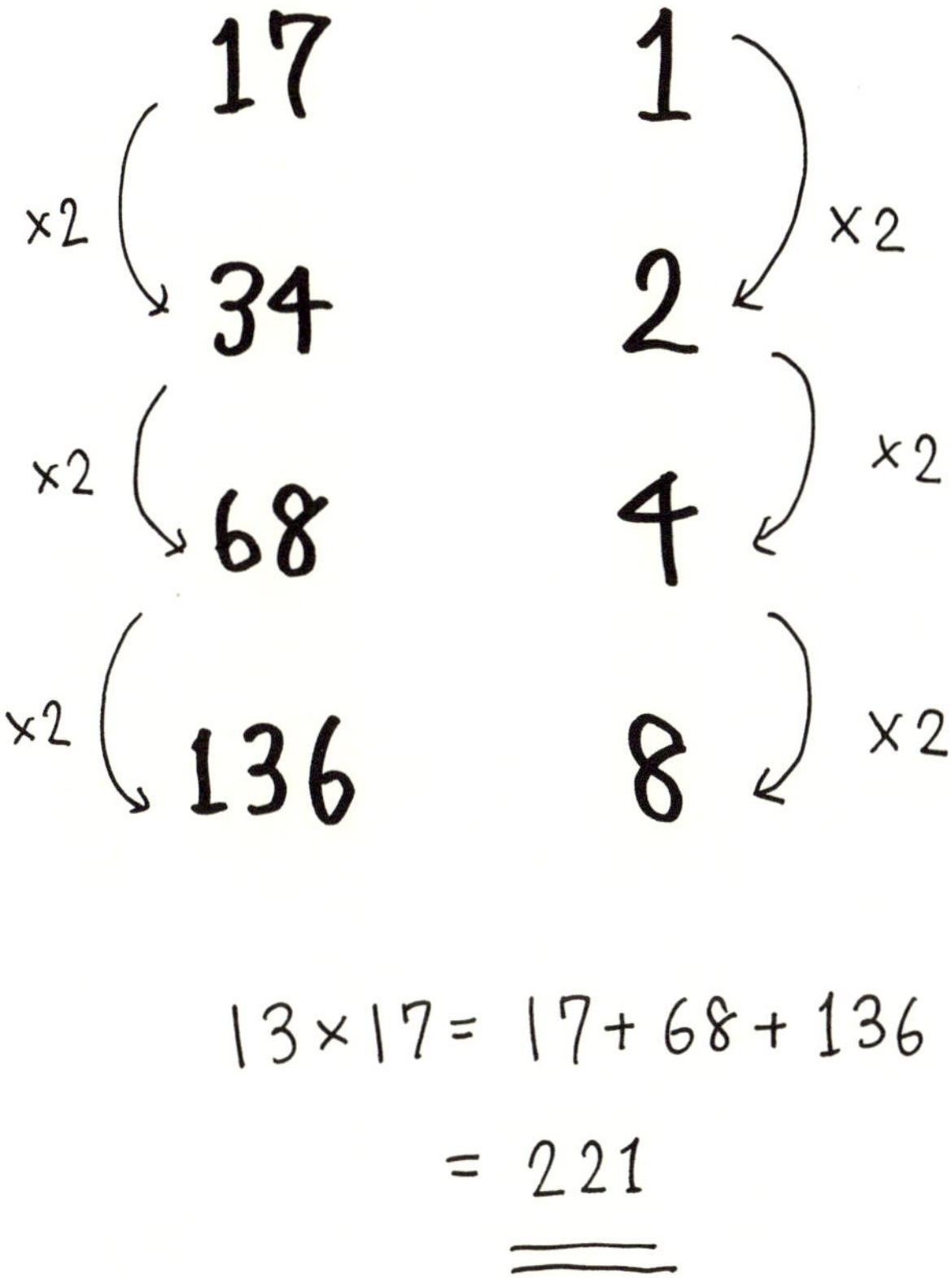

これで全ての材料が揃いました。今度は、右側の4つの数のどれかを使って13という数を作ります。1と4と8を足せば13になりますね。さて、それぞれの左側の数を足していくと、17＋68＋136＝……

えーと、221です！　13×17の答えになりますね。積をこうやって出せるってなんだか不思議です。

彼ら自身はまったく意識していなかったと思うのですが、この計算では2進数の原理が利用されているんですね。なぜそうしたのか、なぜ3倍ではダメだったのかは不明ですが、2倍するというのは計算しやすく、ちょうど良かったのでしょう。

このようにかけ算のやり方もいろいろあるわけですが、結局、出てくる答えはみんな同じになるんですね。だけど割り算のほうは、地域や文化ごとに違う答えの出し方をする。割り算には目的意識が必要だからです。だから、古代の人々の割り算の痕跡を調べると、彼らの頭の中を垣間見ることができて面白いんですよ。

自分たちが割り算に対して何を望むのか、何を期待するのかがきちんと定まっていないと、答えを出すことができない。そうした意味でもやはり、数学の萌芽《ほうが》は割り算にあったと言ってもよいと思います。

古代ギリシャの方法——長さの比を求めるアルゴリズム

もう一つ、古代ギリシャの割り算も数学の歴史において重要なので見ていきましょう。彼らの割り算の方法は、23頁で紹介した余りを出す割り算（①）と基本的には同じです。ただし、そこで計算は終わりません。初めの計算における割る数を、そこで求めた余りの数で割る、そこで余りがまた出たら、2回目の計算での割る数を、そこで求めた余りの数で割る……という操作をずっと繰り返し、余りがゼロになるところまで進めていくのです。

先ほどと同じように、17÷6の計算を実際にやってみましょう。

古代ギリシャでは割り算を、棒のようなものを使って計算していたと考えられます。長い棒と短い棒を用意して、片方がもう片方よりどれくらい長いのかを比べるのです。でも、当時は度量衡はあっても、物差しや巻き尺のようなものはあまり使われていなかったでしょう。そんなとき、どのようにして2つの棒を定量的に比べればいいのでしょうか。

そうした問題に直面した時、最も自然な解決策は、長い棒に短い棒を何回当てられるか数えてみる、という方法でした。

では、17の長さの棒と6の長さの棒を比較してみることにしましょう（図1‐3）。念のため、古代ギリシャ人たちは、それぞれの棒の長さが17と6だとは知る由もありません。

長い棒（A）に短い棒（B）を当ててみると、2回分を当てることができ、3回目は（A）の長さが足りずに余りが出ることになりますね。それを余り①として、今度は（B）に余り①の棒を当てていきましょう。1回分だけ当てることができ、2回目は（B）の長さが足りずに余りが出ることになります。今度はそれを余り②として、前の計算で割る数だった余り①に当てていきましょう。ぴったり5回分で割り切ることができ、余りは出ないので、ここで計算は終了となります。

最後に出てきた最小の長さの棒こそが、（A）と（B）の2つの棒の長さを測る共通の尺度です。この尺度を使えば、（A）が17の長さを持っていて、（B）が6の長さを持って

図 1–3

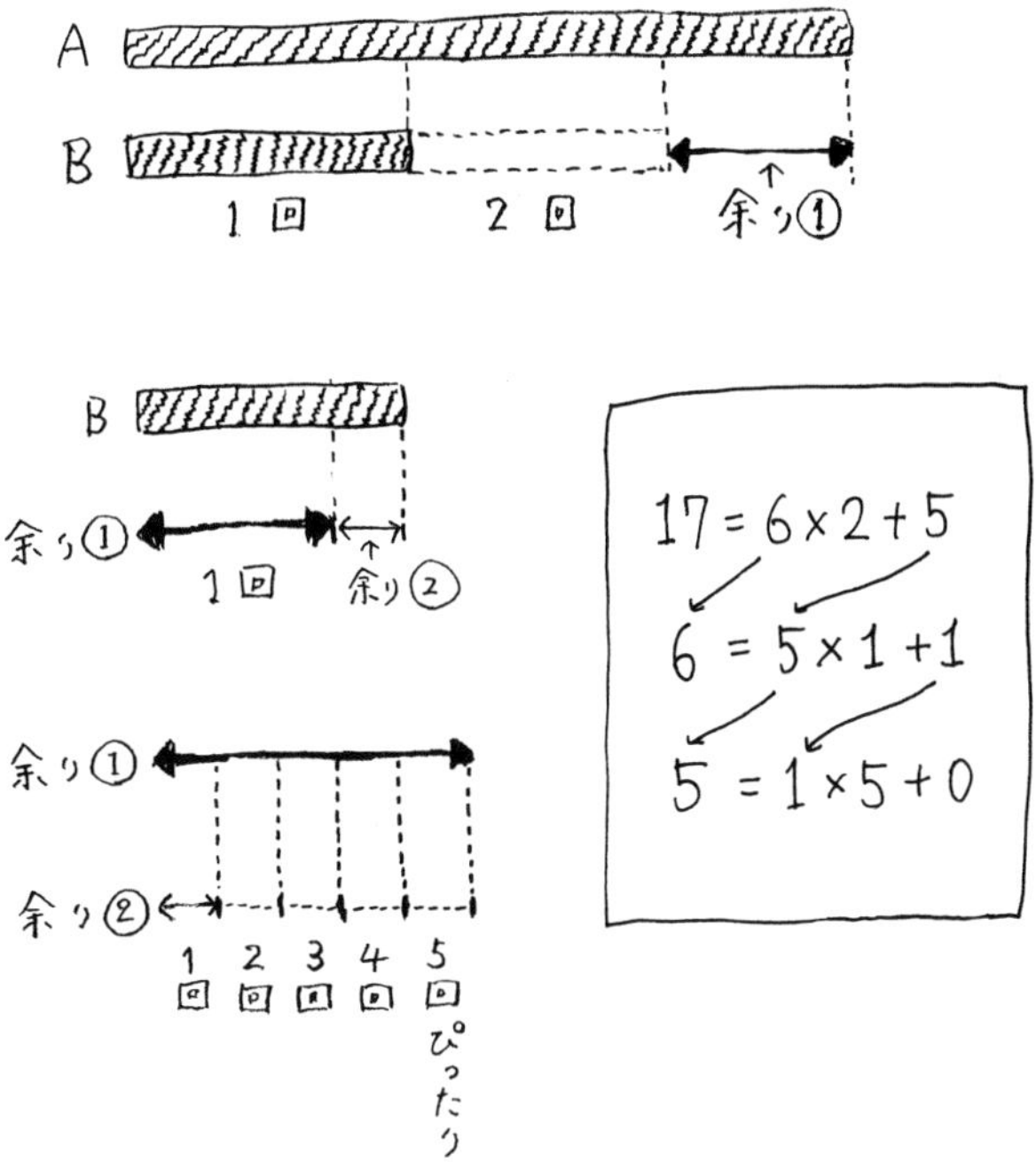
A
B
1回
2回
余り①
B
余り①
1回
余り②
17 = 6×2+5
6 = 5×1+1
5 = 1×5+0
余り①
余り②
1回
2回
3回
4回
5回
ぴったり

いることが分かるわけですね。
この作業は、後に「ユークリッドの互除法」と呼ばれる手法につながります。「ユークリッドの互除法」は紀元前300年ごろに記された『ユークリッド原論』の中で解説されており、2つの自然数の最大公約数を求めることができる手法です。17と6の場合では、最大公約数は1という答えが導き出されましたね。

最大公約数の考え方って古代ギリシャ人の時代からあったんですね！　でも最大公約数が1って、なんだかつまらない……。

はいはい、そうですね。1も立派な最大公約数なんですけどね。でも言い換えると、この作業によって2つの棒の長さの比が、17：6であることが分かったんですよ。「ユークリッドの互除法」は、なんの変哲もない2本の棒の長さの比を求めるための、非常に効率的な〝アルゴリズム〟だったんですね。
アルゴリズムに明確な定義はないと思いますが、強いて言うなら、「機械的な手順の集まり」「計算手順のつらなり」とかそんなものでしょうか。こちらが要素さえ放り込めば、機械的にカシャカシャと作業がなされて答えが出てくる。

現代であれば、我々はセンチメートルやメートルという世界共通の単位を使って、長さを測ることができるじゃないですか。古代ギリシャにも長さを測るための単位はありましたが、実はそんな便利なものがなくても、2本の棒の長さの比を数値化することができるのです。

ようやく腑に落ちました！　確かに、最先端の技術であると言えますね。

でしょ？　まあ、今やった作業が「割り算」そのものだとまでは断言しないですが、割り算の考え方から派生した一つのアルゴリズムであることは確かです。

ちょっと話は飛んでしまうのですが、同じ作業を正方形の1つの辺と対角線でやってみましょう（次頁、図1－4）。先ほどと同じ要領で、それぞれの長さの比を求めようとすると、実に面白い現象が起きるんですよ。

まず、正方形の対角線に1つの辺がいくつ入るか当てはめてみる。1つ入って余りが出

図 1–4

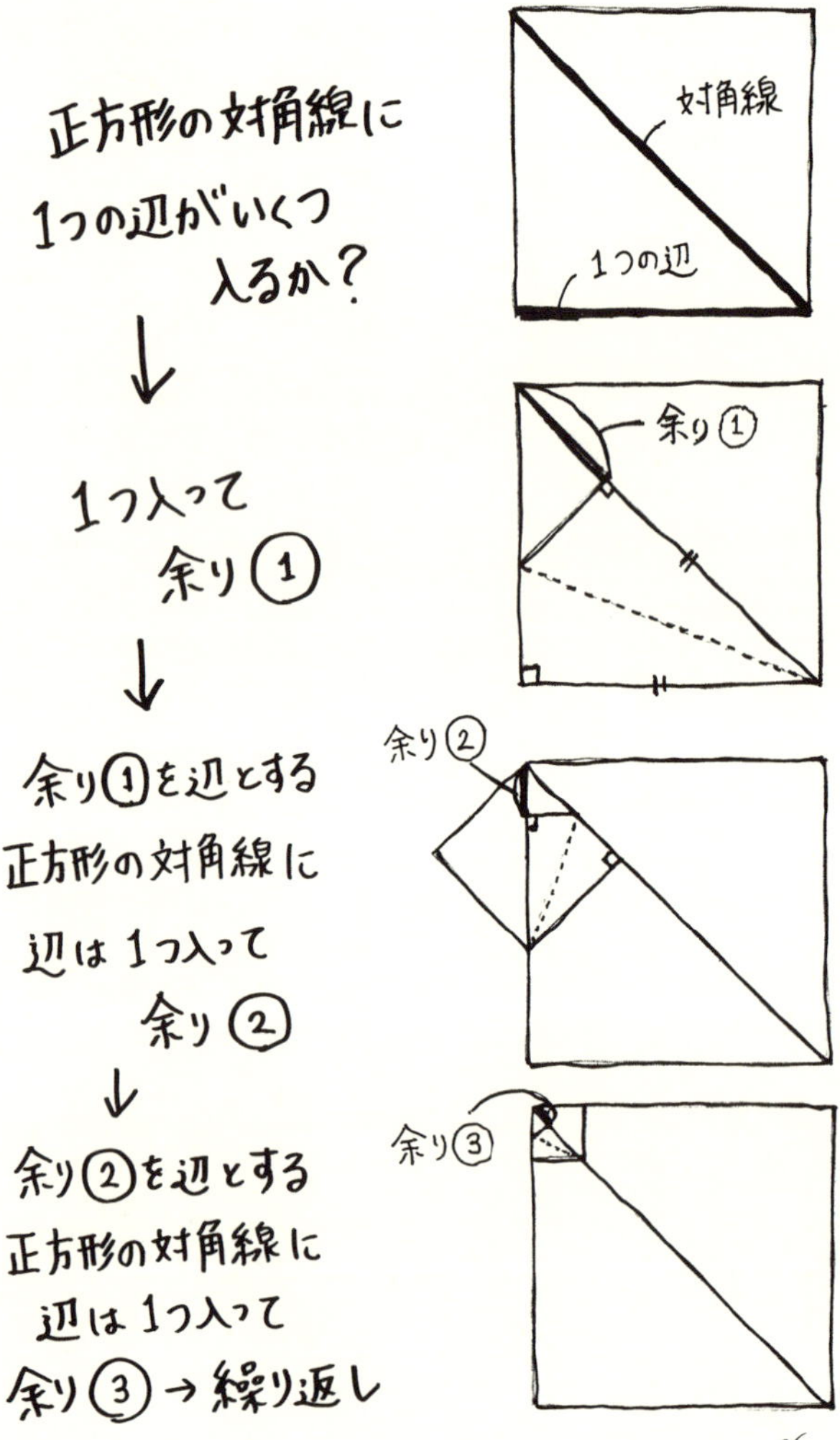
正方形の対角線に
1つの辺がいくつ
入るか？
↓
1つ入って
余り①
↓
余り①を辺とする
正方形の対角線に
辺は1つ入って
余り②
↓
余り②を辺とする
正方形の対角線に
辺は1つ入って
余り③→繰り返し
対角線
1つの辺
余り①
余り②
余り③

ますね。これを余り①として、今度は正方形の1つの辺に余り①がいくつ入るか当てはめてみます。余り①と同じ長さの線分は図1－4に示したようにとれるため、2つ入って余りが出ることがわかります。それを余り②として、余り①に余り②がいくつ入るか当てはめる……ということをずっと繰り返していくと、何が起こると思います？

まさか、終わらないんですか？　先ほどの2本の棒のように、どこかで最大公約数が出てくるとは限らないわけですね。

そう、終わらないんです。このままクルクルと図形を回して作業を進めていくと、どこかの時点で、最初に描いた図と同じ図が相似形でちょっと小さめに生じてしまうわけです。「あ、スタート地点に戻っちゃった」となるんですよ。物理的な限界を無視すれば、あとは無限ループとなります。

実はこの現象が「無理数」の発見につながっていくのです。第3章で詳しく説明しますが、無理数とは$\frac{A}{B}$といった整数の比で表すことができない実数、つまり分数で表すことができない実数のことをいいます。

紀元前500年ごろの古代ギリシャにヒッパソスという数学者がいたのですが、彼は正方形を詳しく調べているうちにこの事実に気がついたと言われています。後にユークリッドの互除法と呼ばれる最先端技術を、正方形の1つの辺と対角線の長さの比を求めるために応用したところ、「あれ、終わらないぞ」と。

割り算の考え方はこのように、数学の世界をどんどん押し広げていったのです。

古代バビロニアの方法——60進数を使っていた

なんだか楽しくなってきました。古代の世界の割り算で、他に面白いものはありますか？

おっ、だんだん数学に気分がのってきましたね。

約4000年前の古代バビロニアでは、60進数を使った小数展開がおこなわれていました。バビロニアというのは現在のイラク南部のあたりに位置していた、世界最古の文明であるメソポタミア文明の中心となった地域です。古代バビロニアで使用していたくさび形数字は1〜59まであったことがわかっています（詳しくは51頁の図2−2を参照）。

なぜ60進数だったのでしょう？　現代の私たちからすると、10進数のほうが自然なように感じますが。

60という数は10という数に比べて約数が多いんですよ。10は1、2、5、10の４つしか約数がないですよね。それに対して60の約数は、1、2、3、4、5、6、10、12、15、20、30、60と12個あります。このように約数がたくさんあると、嬉しいことが起こるのです。多くの分数が有限小数になるんですね。

例えば10進数の場合、$\frac{1}{2}$は0・5、$\frac{1}{5}$は0・2という有限小数になりますが、$\frac{1}{3}$は0・333333……と無限に続いてしまいます。数が割り切れないというのは、計算をする時になにかと不便で困るんですよ。それが60進数を使うと、$\frac{1}{3}$、$\frac{1}{6}$、$\frac{1}{12}$、$\frac{1}{18}$なども有限小数で記載できてしまうので、すごく正確な計算が可能になります。10進数よりかはだいぶ実用的で使いやすい。

さらに彼らの数学をつぶさに見ていくと、60進数で書き表した逆数表というものが実際に残っています。逆数とは、ある数にかけ算した結果が１となる数であり、例えばaの逆数は$\frac{1}{a}$となります。３の逆数は$\frac{1}{3}$、４の逆数は$\frac{1}{4}$ですね。彼らのつくった逆数表は、有限小数で記載できる「切りのいい数」がたくさん並んでいますが、割り算の計算をおこなう際はその逆数表を参照していたようです。つまり、ある数を３で割りたいときには、逆数表と照らし合わせて$\frac{1}{3}$を掛けるというふうに。

でも、いくら60の約数が多いといっても、有限小数で表せない数もあるじゃないですか。

そうですね。$\frac{1}{7}$なんて困ってしまいますが、彼らはけっこう適当にやっていたと思うんですよね。「$\frac{1}{7}$は正確に表せないけど、$\frac{1}{6}$と$\frac{1}{8}$は分かってるから、まあいいや」みたいなノリで。$\frac{1}{6}$や$\frac{1}{8}$などに加えて、$\frac{1}{7}$までも有限小数で表そうとすると、２１０進数とか４２０進数とかまでに広げる必要がありますが、そこまでやるのはさすがに面倒くさい。数学だけど意外とざっくりしているんですよ。

でも逆に言えば、古代バビロニアの人々にとって、7は神秘的な数だったのではないかと想像します。彼らは水星、金星、火星、木星、土星、太陽、月の7つの天体が1日を支配していると考えていました。1週間を7日とするいわゆる七曜制は、メソポタミア文明から始まったといわれていますが、そうした文化的なところにも影響したのではないでしょうか。

農耕の発達→階級社会→目的意識をもった数学

へえーーー、数学と文明は非常に強力に結びついているんですね。

メソポタミア文明、エジプト文明、インダス文明、中国文明を1つにまとめて「世界四大文明」と言いますよね。面白いのは、どの文明でも同じくらいの時期に数学の萌芽がポツポツと見え始めているということですね。

ただ、どの文明でいつ高級な数学が生まれたのか、正確な時期を把握することは難しいです。問題はそれぞれの記録の保管方法にあります。先ほど触れた古代バビロニア（メソポタミア文明）では、粘土板にくさび形文字を彫ることで記録を残していました。粘土板はめちゃめちゃ風化に強いので、非常に状態がきれいなまま現代まで残されているんです。バグダッド近郊の砂漠を掘ると、いくらでも出土するんですよ。彼らの頭の中を推測するヒントがたくさんあるわけですね。

一方、古代エジプトは古代バビロニアよりも分が悪かった。記録の保存にパピルスを使っていましたから。パピルスは、カミガヤツリという植物の茎の繊維をそのまま壊さずに並べて乾燥させることで作られます。パピルスは紙のようなものだ、とよく言われますが、実は紙とはちょっと違うんですよね。紙も植物の繊維で作りますが、繊維を細かく切り刻んで作ります。でも、パピルスは繊維を切り刻まないで、そのまま並べるんです。

それはともかく、パピルスの原料は植物だから風化しやすい一方で、乾燥には強いという特徴がある。だから、地域によってはきちんと記録が残っているところもありました。エジプト文明は水が豊富なナイル川流域で栄えましたが、そこから少し離れた乾燥している地域では、何千年経った今でもパピルスの文献が出土することがあります。

古代エジプトよりも分が悪いのは中国文明です。なにしろ中国はとても湿潤な気候ですから、何も残らないわけです。竹を細く切った竹ひごのようなものに小さく文字を書き、それを糸で結わえつけて保管していた、竹簡《ちっかん》と呼ばれているものなんですが、そんなものすぐにダメになるに決まってますよね。だから、中国における最古の数学文献は紀元前2世紀ぐらいのものです。それよりももっと前から、彼らが数学をしていたことは確実なんですけどね。

なお、中国文明の数学については『九章算術』（*The Nine Chapters on the Mathematical Art*）というスタンダードな古典が見つかっていて、2000年ほど前のものだと推定されています。そこには割り算についての記述もあるのですが、例えば分数＋分数の計算で通分する方法をすでに実践しているんですよ。

結局のところ、数学と文明はどちらが先だったのでしょうか。

人間が狩猟採集をやめて農耕を始めたところから、すべては始まったと思うんですよ。農耕を始めると、それまでとは違って、多くの人間が一カ所に集まって暮らさなくてはならなくなる。また、農地に水を人工的に供給する灌漑《かんがい》が必要になりますよね。そうすると、水源を押さえたヤツが権力を握るようになる。水というのは高いところから低いところに流れていくので、水源から遠くなればなるほど、だんだん農耕も貧相なものになる。こうして「階級」が目に見えて生まれてくるんですね。

権力者が大勢の人を支配するためには、数を把握し扱う必要がある。また、人が集まって暮らすことで建築も進んで度量衡が生まれます。例えば、土地の区画整理をするためには直角を作らなければいけない。直角を作るにはどうすればいいのかを考えていくと、辺の長さが3対4対5の三角形をつくったら直角ができることに気がついた。ここでみなさんお馴染みの三平方の定理が発見されたりして……といったふうに、目的意識をもった数学が生まれることになるわけですね。

逆に言えば、狩猟採集の文化が残っている世界のどこかの地域には、今も数学がないということでしょうか。

それは興味がわきますよね。僕も調べてみたいと思うのですが、クロード・レヴィ＝ストロース（1908～2009）というフランスの文化人類学者は、著書『野生の思考』

（パンセ・ソバージュ）で未開社会における秩序・構造について考察しています。例えば婚姻関係を結ぶ方法について、その地域の部族がA～Dまで存在するとしたら、Dの部族に生まれた女性はBの男性とは結婚できないとか、様々な決まりが存在することがわかっている。実はその決まりは、「群論」を使って説明できるというのです。

私が高校でお手上げになった「群」ですね。何に役立つんだろうと思っていました。

実はかなり役立つんですよ。レヴィ＝ストロースは複雑な婚姻関係の構造を見つけ出して、それをアンドレ・ヴェイユ（1906～1998）という、20世紀の巨星と言われるフランスの数学者に解析をお願いしたら、即座に「群」で分析したのです。

狩猟採集の文化が残っている社会の中に、数学的な構造を発見できるのは面白いですよね。ただ、彼らは意識的にこのようなモデリングをしているわけではないため、これを目的意識をもった数学と言うことはできないと思います。

第2章

ゼロは「・」だった

有限個のシンボルで、無限通りの数を表す

割り算が数学の始まりであるというのはド文系の私も納得しました！　ただ、やっぱり初歩の初歩である数の数え方も気になっていて。古代バビロニアでは60進数が採用されていましたが、私たちがもっとも慣れ親しんでいるアラビア数字での10進位取り記数法はどうやって生まれたのでしょう。

アラビア数字はインド数字ともいいます。2000年くらい前にインドで考案され、アラビアを経てヨーロッパに伝わりました。では、第2章では話を「数え方」に戻してみることにしましょう。さっそくですが、この紙にアラビア数字で「111」と書かれていますね（図2−1）。なんと読みますか？

「ひゃくじゅういち」です。

図 2–1

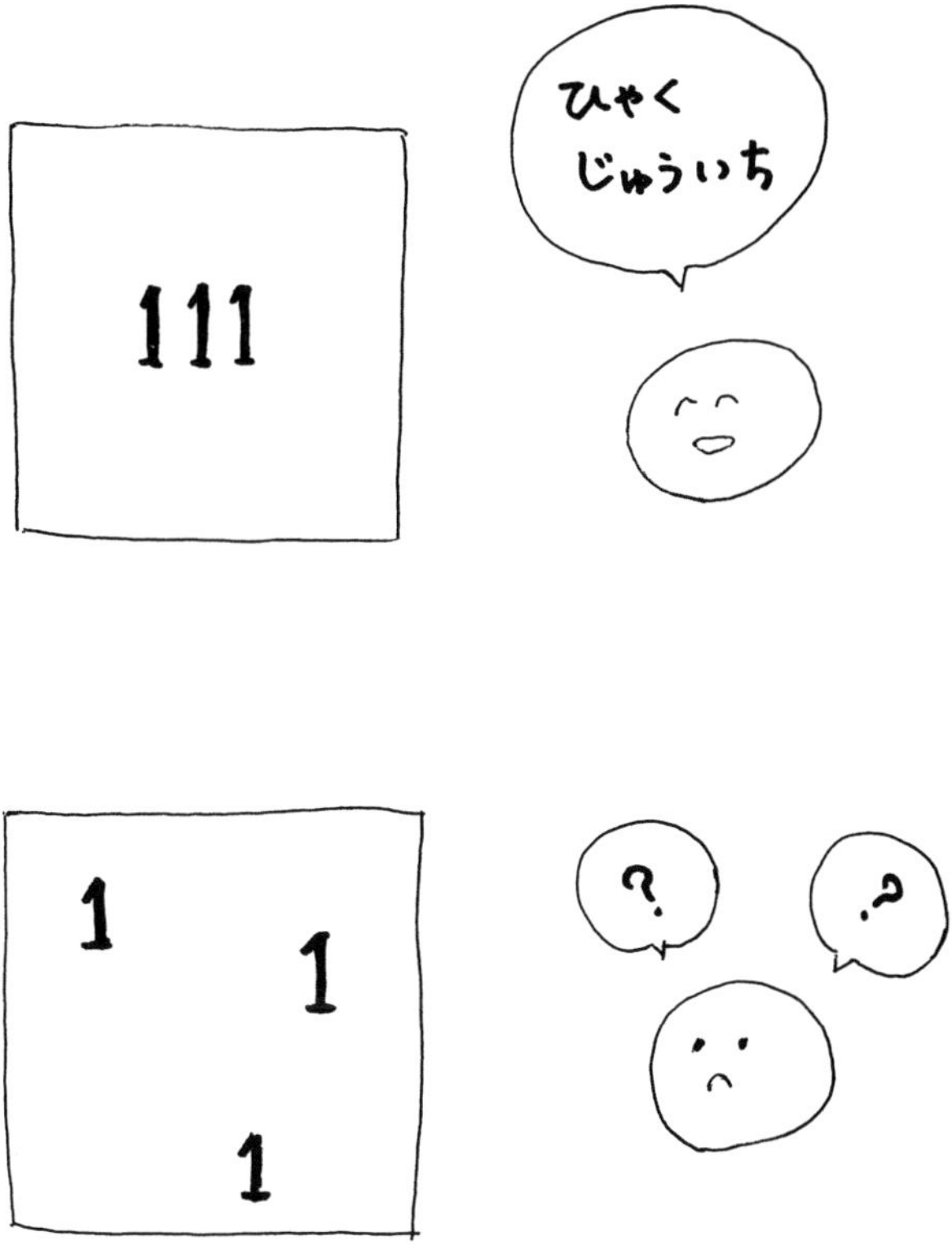

なんの疑いもなく、「ひゃくじゅういち」と読みましたね。でも、よく考えたらこれは非常に不思議ではありませんか？　紙には「1」という同じ記号が3つ並んで書かれているわけです。しかし、この3つの「1」の意味はそれぞれ異なっていて、右の1は1を、中央の1は10を、左の1は100を表しているわけですね。どうして同じ記号なのに違う意味を持つことができるのか。今あなたは無意識に、3つの数字の相対的な位置関係から「ひゃくじゅういち」と読み取ったわけです。3つの「1」がもし、あっちこっちバラバラのところに書かれてあったら、「ひゃくじゅういち」とは絶対に読まないですよね。

このように、0、1、2、3、4、5、6、7、8、9という10個のシンボルを並べるだけで、原理的にはすべての数を表すことができるというのが、10進位取り記数法のやり方なんです。

漢数字やローマ数字の書き方は、10進位取り記数法ではありません。例えば、漢数字では「111」を「百十一」と書きますね。これは一、十、百……と、位上がりするたびに違うシンボルが出現するわけです。その後も千、万、億、兆……と、どんどん新しいシンボルが現れますね。ローマ数字では1から順番にⅠ、Ⅱ、Ⅲ、Ⅳ、Ⅴ……と表記して、10の位はX、100の位はCというシンボルを使いますから、「111」は「CXI」と表

図2–2

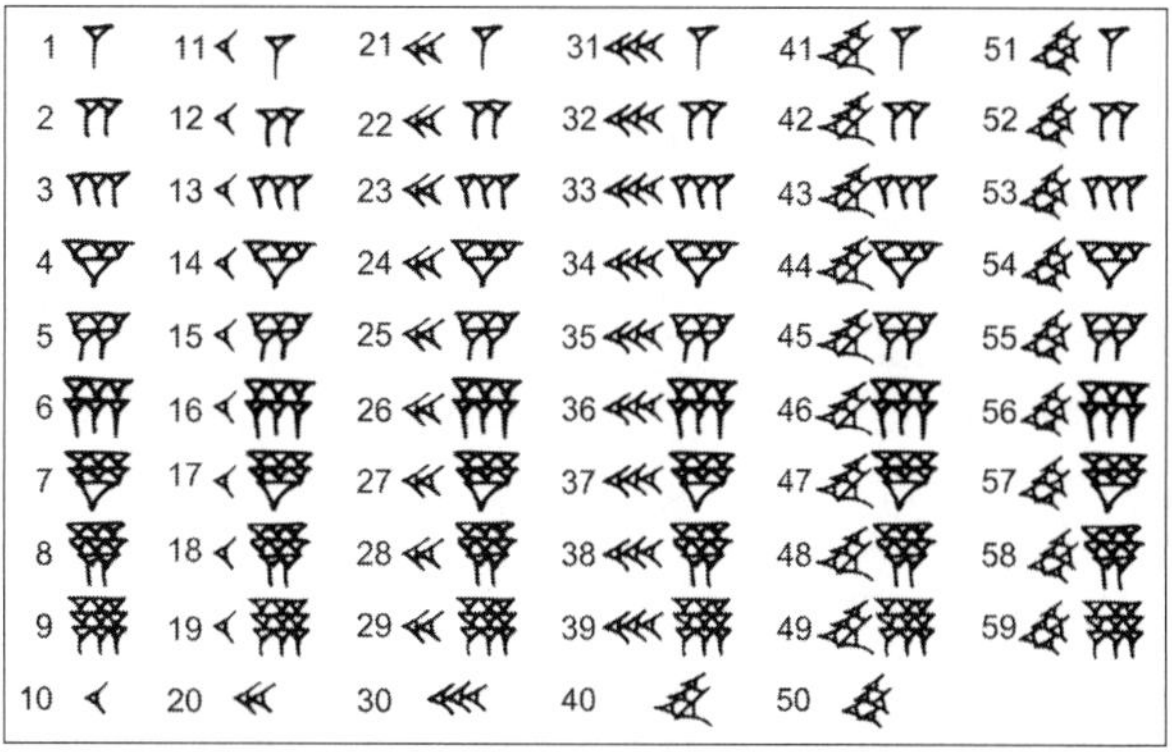

します。

漢数字やローマ数字の書き方の大きな欠点は、すべての数を書き表すためには無限個のシンボルが必要になるということです。一方、アラビア数字の書き方の場合は、10個ですべて事足ります。

非常に経済的ですね。

そう、経済的なんです。有限個のシンボルによって、無限通りの数を表すことができる。これはめちゃくちゃスゴイ発明なんですよ。

ちなみに、最初に位取り記数法を発明したのは紀元前のバビロニアで、60進記数法で数を数えていました（図2−2）。位取り記数法においては、バビロニアのほうがインドよりずっと早かったということは、動かしようのない事実です。

スペースから「・」へ

インドの10進位取り記数法は、5～6世紀ごろ生まれたとされています。それ以前のものとされる遺跡からは、別の記数法で数が書かれた史料が見つかっている。サンケーダという地域で見つかった5世紀ごろの銅板で初めて、ブラーフミー数字による位取り記数法が刻まれているのが発見されます。ですから、この時代に位取り記数法への転換が起こっていたと考えられている。その後、ブラーフミー数字はサンスクリット数字やデーヴァナーガリー数字などを経て、現在のアラビア数字へと変化しました。

便利そうに見える位取り記数法ですが、取り入れる過程においてはある問題が発生しました。当時はまだ0の概念がなかったので、１０１という数字を書こうとするとき、どうすればいいのか分からなくなってしまうんですね。例えば、バビロニアの粘土板なんかを

図 2–3

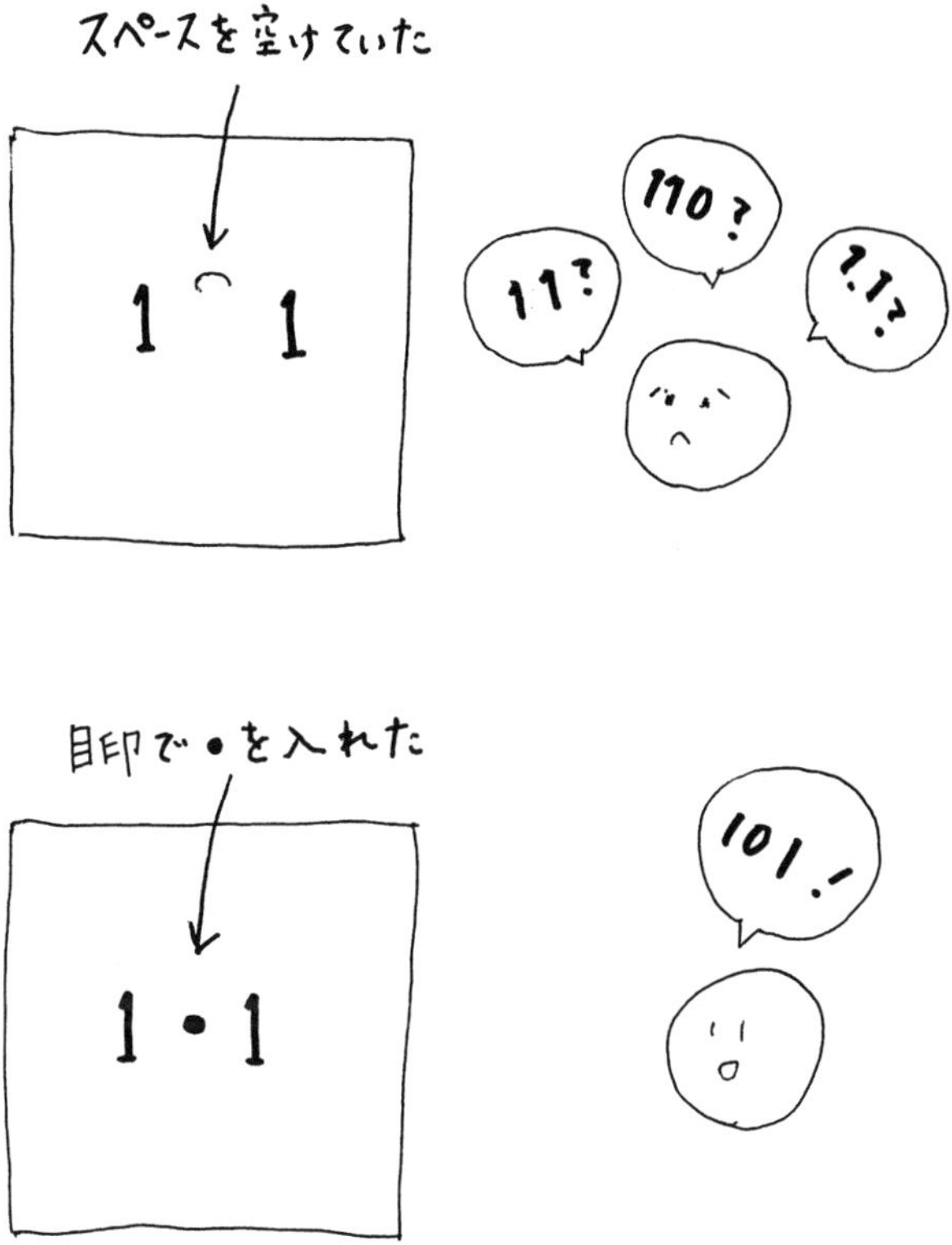

見ると、1と1の間のスペースがえらく空いている（前頁、図2－3）。「あ、ここの位は飛んでいるんだな」とわかるように書いたわけです。

それって、判別がめちゃくちゃ難しくないですか？

そう、それが問題なんですよ。スペースの空け方なんて人それぞれなので、見ようによっては「11」にも「101」にもとれるわけですね。しかも彼らは小数も扱っていましたから、「1・1」や「0・11」である可能性もある。研究者たちも、それぞれがどの位の数を表しているのかということは、文脈で判断するしかないんです。

そこで、インドではスペースを空けていたところにポチッと点（・）を入れるようになりました。点を1つ入れたら桁が1つ飛んでいますよ、2つ入れたら桁が2つ飛んでいますよ、ということにしたんですね。その点の形がだんだん変化していって、「0」という記号が誕生しました。

ただ、バビロニアでも空白のところにポチッポチッと印をつけることはあったんですけどね。

えっ、０の発見はインドと言われていますが、実はバビロニアなんじゃないですか？

うーむ、個人的にはどっちでもよくて。というのも、「これってそんなにすごい発見かな？」と思うんですよね。たぶん、誰でも普通に気づきますよね。「スペースが空いているところに印をつければいいじゃん」って。この気づき自体を「０の発見」と呼ぶことは難しいのではないでしょうか。

「縦型の計算」という大発明

「誰でも気づく」って……。では「０」を〝本当〟に発見した人は誰だったのでしょうか。

インドの数学者であったブラフマグプタ（５９８～６６５頃）が、『ブラーフマ・スプタ・シッダーンタ（ブラーフマの正確に確立された原理）』という著書の中で、すでに0を使った計算について明確に述べています。この本は628年に出されているのですが、0の発見はそれより少し前だったようです。意外に最近の話なんですよね。

インド人がなぜ0の存在に気づけたかというと、彼らは足し算やかけ算をする際の筆算のアルゴリズムを発見していたからです。「縦型の計算」こそが、彼らが生み出した一番の大発明でした。

例えば、123＋58を筆算で計算してみましょう（図2-4）。まずいちばん右の列の計算です。1の位の3と8を足すと11で繰り上がりますから、10の位に1を書いて、そこに2と5を足すと8になる。100の位は1だけだから、123＋58の答えは181というふうに計算できますよと。

まさに、小学校で習う筆算のやり方です。

小さな子どもでも楽に実践できる、非常に分かりやすい計算手順ですよね。計算手順を発明することにかけては、今でもおそらくインド人は天才的なんです。

図 2–4

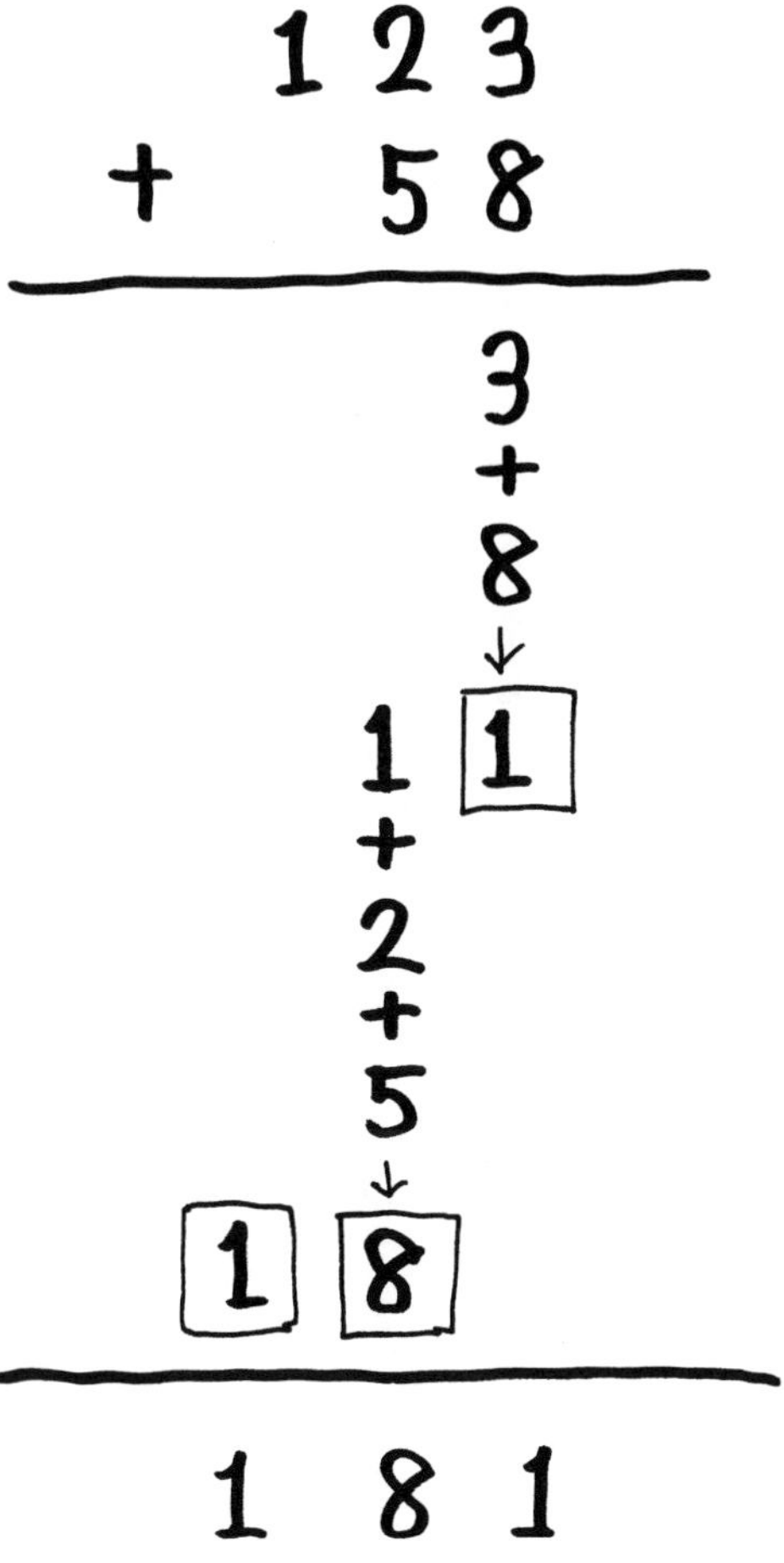

対照的なのはギリシャ人です。彼らは図形的な直観において優れていました。三角形をじっと見ているうちに、「これ、もしかしたら内角の和、180度なんじゃね？」とピンときてしまう才能があった。インド人は数学をそのような面では捉えておらず、ひたすらに計算に特化していったのです。計算はインド人の専売特許と言ってもいいでしょう。

それで、この筆算が0とどう結びつくんですか？

まあまあ。この縦型の計算のすごいところは、数を分離して取り出すことができる機能なんです。先ほどの足し算の筆算を見てみましょう。1段目に「123」と書かれていますが、これは数を記述するためにシンボルを並べて書いているだけですよね。「123」という数において、その中の「3」は数を記述するための手段でしかないんです。ただのシンボルであって、それを1個の独立した数と見なすことはしないわけです。ところが、筆算を実際にやってみると、まず1の位の3＋8を計算しますよね。「123」というひとまとまりの数字の中から「3」だけを分離して取り出して、独立した数と見なさなければならない。要するに、「記述するための数」だったものが、「計算するための数」に役割

図 2–5

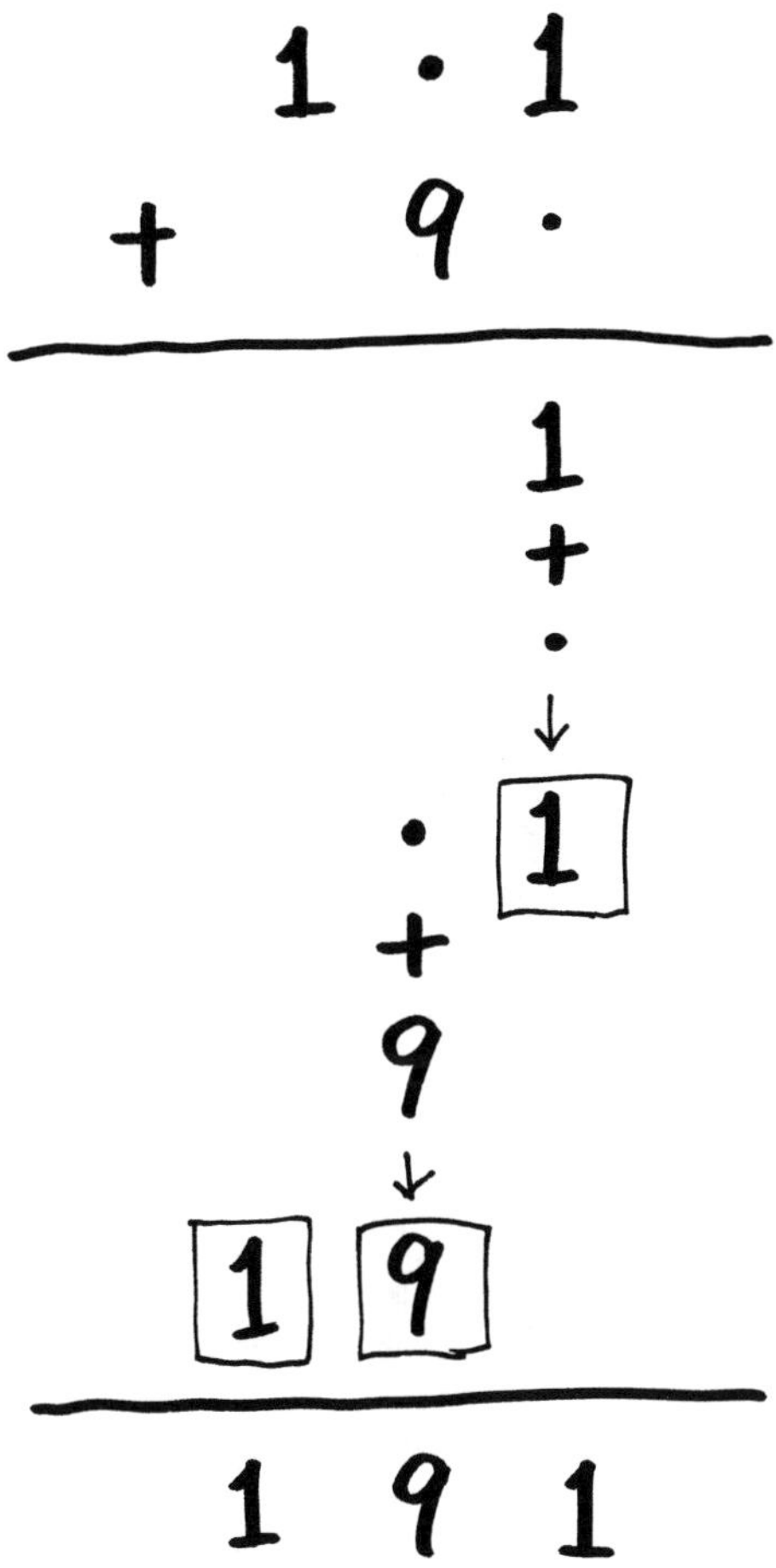

が入れかわるんですよ。数の〝二重の役割〟を上手に使いこなすという、実にしなやかな身のこなしなんですよ、これは。

この筆算に100（1・・）や101（1・1）などの数字を組み込んでみたところ、黒丸も他の1、2、3などの数と同じように、分離して計算をすることができた（前頁、図2-5）。そこで「あの小さな黒丸は、実は数だったのか！」とインド人は気づいたわけです。単なる桁の飛びを表すための印だと思っていたものが、実は1や2や3と同じ役割を果たす数だった。これこそが0の誕生でした。

インド人が生み出した筆算は、0の発見だけでなく、もう一つの副産物ももたらしました。計算というものが庶民にとってかなり身近になり、人間と数の関係が変わっていったのです。それまでは、数というものは権力者たちの独占物だったんです。

第1章で触れた古代エジプトの計算なんて、どう考えても庶民が扱えるものではありませんよね。数や計算は究極まで神秘化され、そこに触れることができるのは一部の神官たちだけでした。バビロニア文明はもう少しプラクティカルな文明ですから、宗教家というよりは、いわゆる官僚によって独占されていたと思います。

その壁をぶち壊したのがインドでした。数というものを使ったシステマティックな計算方法を確立してしまったからです。筆算の優れているところは、紙とペンさえあれば、他の道具は何一つ必要ないという点です。この手軽さは、数学的なインパクトはもちろん、社会的なインパクトも大きかった。その後1000年以上をかけて、数学を人々にとって身近なものにする土壌を作ったわけで、非常に大きな発明だったと思います。

ヨーロッパの人は引き算が苦手？

話を聞いていて気づいたことがあります。ヨーロッパを旅行したとき、現地の人たちは計算が苦手なように見えたんですけど、もしかしてこうした歴史が影響しているんでしょうか？

確かにそうですね。西洋では、ルネッサンスを過ぎて宗教改革の時期になっても、筆算ができない人がたくさんいました。一生懸命にかけ算を調べても頭がこんがらがっちゃうとか。今でも全体として苦手意識を引きずっていると思います。

なんというか、彼らは引き算が苦手ですよね。今は電子決済が普及したから分かりにくくなっていますが、私が実際にヨーロッパに住んでいた30年くらい前は、お店でのおつりのやり取りが非常にややこしいなと感じていました。

日本人はお店の人もお客さんも、数を把握した瞬間にパッとおつりの計算ができます。さらに高度なことも日常的にやっていて、５００円玉が欲しいと思ったら５４０円のものを購入して１０４０円支払う。そうすると、お店の人もパッと５００円玉でおつりをくれます。でもヨーロッパでは、17ユーロのものに20ユーロを出すと、まず手持ちの紙幣や硬貨で17ユーロを確認してから、そこに20ユーロになるまでお金を足していく。18ユーロ、19ユーロ、20ユーロ……と数えて、３ユーロの差額を把握してから、やっとおつりを出したりします。

日本人の数の数え方は気持ちいいほど規則的ですよね。1、2、3、4……と9までいったら、アタマに10を付けて10、11、12、13……と19までいったら、アタマに20を付けて、20、21、22、23……と規則正しく10ずつ数えていく。うちの子どもは2歳半なので、まだ数の概念はしっかり分かっていません。でも、「17、18、19までいったら、次は20って言うんだよ」と教えれば、そこから「21、22、23……」と数えられるわけですよ。

一方で、西洋の数え方は非常に複雑です。フランス語では11がonze（オーズ）、12がdouze（ドゥーズ）で、13がtreize（トレーズ）、14がquatorze（キャトルズ）、15がquinze（キャンズ）、16がseize（セーズ）。ここまではいいとして、17は10＋7を表すdix-sept（ディセット）、18は10＋8を表すdix-huit（ディズウィット）、19は10＋9を表すdix-neuf（ディズヌフ）というふうに、途中で数え方の法則が切り替わるのです。

やっぱり足し算が出てくるんですね。

フランスでは80からはかけ算も出てきますよ。80のquatre-vingts（キャトルヴァン）とは4×20という意味です。98なんてすごいですよ。quatre-vingt-dix-huit（キャトルヴァンディズウィット）と言いますが、4×20に、10と8をプラスするという意味です。「私たちは80とは言わないで、4×20って言うわよ。庶民には理解できないでしょうね」という、上流階級の人々の声が聞こえてきそうですね。

なんかむかつきます……。

ドイツ語の場合も難しいですよ。20はzwanzig（ツヴァンツィヒ）と数えますが、21は1＋20を表すeinundzwanzig（アインウントツヴァンツィヒ）、22は2＋20を表すzwei-undzwanzig（ツヴァイウントツヴァンツィヒ）……と、なぜか1の位から先に読み上げるので、わけが分からなくなってしまいます。

僕は1995年にドイツにいたことがあるんですが、この1995の数え方なんてめちゃくちゃですよ。neunzehn-fünfundneunzig（ノインツェーンフンフウントノインツィヒ）と言うのですが、neunzehn（ノインツェーン）は19を、fünfundneunzig（フンフウントノインツィヒ）は5＋90を表しています。

それでは数が数えられませーん。

なんかね、数に対する態度がなってないですよね。そういうことをしているから、システマティックに数を扱って、明快で分かりやすいアルゴリズムを作るなんていう発想は生まれてこないんですね。

インドが生み出した数学は、12世紀以後に西洋世界に輸入されることになります。その時点での西洋は、文明的にはかなり遅れている状態でした。そのような中、イタリアの数学者であるレオナルド・フィボナッチ（１１７０年代頃〜１２４０年代頃）がアラビア数字の記数法や計算を広めていくのですが、フィボナッチの功績によって西洋の数学にも一種の革新が起こります。大学教授たちは依然としてギリシャ以来の幾何学的な数学にこだわりましたが、職人や商人などの実務的な数学を使う人たちは、アラビア数字を使った計算方法に習熟していきました。この背景には階級闘争もあるわけですが、インド人が発明した計算は様々な要因と複雑な絡み方をしながら歴史を作ってきたのです。

「アルゴリズム」は人名だった

「０の発見」ってすごくよく聞くのですが、それが数学にとって、あるいは歴史にとってどういう意味を持つのか、まったく分かっていませんでした。

ちなみに0はインドではsunya（スニヤ）と言いました。これをアラビア人がsifr（シフル）と呼び、ラテン語のzephirum（ゼフィラム）になり、イタリア語のzero（ゼロ）となったと言われています。

最後にもっと脱線してみると、ここまでたびたび触れてきた「アルゴリズム」という言葉は、アル・フワーリズミー（780頃～850頃）という人名に由来します。

人名だったんですか！

正式にはムハンマド・イブン・ムーサ・アル・フワーリズミー。「フワーリズムという土地から来たムーサの息子のムハンマド」という意味になりますね。フワーリズム地方は今のウズベキスタン辺りで、彼は中央アジア出身のペルシャ人ということになります。インド・ヨーロッパ語族系で、民族的にはアラブ人ではない。

で、彼は一体どんな人物だったのか。当時の中東は『千夜一夜物語』でもお馴染みのアッバース朝が支配していました。そこで7代目のカリフとなったアル・マムーンという人物が、キリスト教徒でもユダヤ教徒でも、仏教徒でも、そしてアラブ人でなくても関係なく、哲学や数学ができる人材を集めて「知恵の館」と呼ばれる研究所をバグダッドにつくりました。そこに呼ばれてきたのがアル・フワーリズミーです。彼はいくつか重要な書物を書いているのですが、それを読むと、計算の設問に対する答えの導き方について説明するとき、いつも決まって冒頭に「アル・フワーリズミーいわく」と書いてある。それが後にラテン語に訳されたときに、「アルゴリズミーいわく」と変化した。そうしてアルゴリズムという言葉が定着したのだそうです。

アル・フワーリズミーさん自身は、なんらかのアルゴリズムを発明したわけではないのですか。

彼は代数学の父と呼ばれています。私たちが中学で教わったような、移項などの数式の変形の手順を発明しました。そういう意味では、アル・フワーリズミーさん自身も、とても重要なアルゴリズムの発明者だったと言えると思いますよ。

なるほど。アルゴリズムも突き詰めると、その源はインドにありましたか。

第3章　無理数の発見

あの世と交信するピタゴラス集団

フランスの貴族は80をquatre-vingts（4×20）と呼び、「庶民にはどうせ数えられないんでしょ」と笑っていたということでしたよね。数学が高尚なものとされて、庶民にまでなかなかおりてこなかった歴史は、意外と私の数学嫌いに通じていたんじゃないかと思います。「なんか難しい顔した人たちが難しそうなことやってんなー」みたいな。

数学の楽しさに目を向けてもらえなかったことは残念です。でも、そろそろ面白さを感じはじめていますよね？

はい！　ちなみに、数学が神秘化されていた時代の話をもうちょっと聞いてみたいのですが、象徴的なエピソードはありますか？

だったら古代ギリシャの数学者、ピタゴラスの話をしましょう。ピタゴラスの定理はあまりにも有名だから、名前はご存知ですよね。ピタゴラス（前570頃～前496頃）は現在のトルコに近いエーゲ海南東部に位置するサモス島に生まれました。ところが、僭主《せんしゅ》と折り合いが悪くなり、南イタリアのクロトンという土地へと逃げるんですね。そこで地元の人たちと一緒に、ピタゴラス学派という宗教秘密結社を立ち上げました。どんな宗教だったかというと、要するに「彼岸信仰」です。この世ではない〝あちら側の世界〟に憧れるという信仰は、浄土真宗における極楽浄土のように洋の東西を問わず昔から存在していましたが、ピタゴラスの彼岸信仰を具体的に言い表すと、「あちらの世界とこちらの世界は交信可能である」というものなんです。

え、アブナイ人たちのように思えますが……。

どうやって交信するかというと、まさに、数を使って交信するというんですね。あちらの世界の人たちは自分たちよりも高尚な人たちなので、この世よりもはるかに美しく均整のとれた世界に住んでいる。だから、彼らの意思を汲み取るためには、自分たちが生きている汚い世界の中に隠された、美しいものを見出さなくてはならない。

　その美しいものの典型例が、竪琴の音色でした。竪琴は弦を上下にピーンと張り、はじいて振動させることで音を出しますが、弦のどこを押さえるかによって音の高さが変わってきます。弦を押さえる場所によって、長さを$\frac{3}{4}$、$\frac{2}{3}$、$\frac{1}{2}$というふうに短くしていけば、音の高さもどんどん高くなっていく。もうお気づきかと思いますが、第1章でも出てきた「整数比」が使われていますね。

　整数の比で表せる音を組み合わせると、美しい和音が生じることになります。それは完全に調整のとれた世界であり、まさに宇宙の音楽である。こうして「ハルモニア」という言葉が生まれました。ハルモニアはギリシャ語で調和という意味で、英語で言うなら「ハーモニー」ですね。

　こうして美しいものを知ることで、あちら側の世界のありさまを私たちも知ることができる。そのためには、数について探究しなければならない……というのがピタゴラスの考え方でした。ピタゴラス学派の宗教信条は「万物は数である」としていましたが、数に隠された秘密を一つ一つ解き明かしていくことで、宇宙の神秘を完全に解明することができると考えたのです。

整数比では表せないもの

しかし、事件が起こります。第1章でも少し触れましたが、整数比では表せないものが発見されてしまったのです。ある時、ピタゴラス学派の誰かが、ユークリッドの互除法を使って正方形を調べているうちに、１つの辺と対角線の長さの比が求められないことに気づいたのです。この「誰か」というのは、ピタゴラス学派に入っていたヒッパソス（生年・没年不明）という人物ではないかという説もありますが、参考となる文献が乏しいために詳しいことは分かっていません。ピタゴラス学派はメンバーの全体像がほとんど分かっていない、謎に包まれた教団なんですよ。

第1章のおさらいをすると、ユークリッドの互除法を使って、正方形の対角線に１つの辺がいくつ入るか当てはめましたよね。そこで出た余りを①として、今度は正方形の１つの辺に余り①がいくつ入るか当てはめる……と作業を進めていくと、いつまで経っても終わらないことが分かりました（36頁、図1－4参照）。正方形の「対角線」と「辺」という

2つの線分の比は整数で表すことができないことに気づいたのです。

これは、「万物は数である」という学派の信条を揺るがす由々しき事態ですね。数はあちらの世界との交信手段である、非常に神聖なものです。「数では表せない量がある」ということが知られたら、教団の存在自体が一気に揺らぐことになってしまう。

だから彼らは当初、この事実をひた隠しにしたとされています。誰かに漏らしてしまったやつがいて、罰としてそいつを海に沈めたという話もありますけどね。

ともあれ、正方形の辺と対角線の比を調べると、辺が1に対して対角線は1・4142135623730950488 0……と終わりがなく、小数点以下の数列が循環することもありません。この数は後に$\sqrt{2}$と表されることになりますが、$\sqrt{2}$のように整数比で表せない数のことを、現在では「無理数」と呼んでいます。

無理数って、なかなか強烈なネーミングですよね。存在を受け入れられないというか、とても否定的なイメージがあります。

そうなんですよ。無理数と言うと、「理」がないみたいでちょっと気の毒です。整数比で表せる数を「有理数」といいますが、英語では有理数をrational number、無理数をirrational numberと言います。rational（合理的な）のratioは「比」の意味をもっているので、英語を直訳するのであれば有比数と無比数ということになりますね。こちらの言い方のほうが実態をよく摑んでいるように感じます。

とにかく、「整数比では表せない量がある」という発見が、古代ギリシャの数学界隈《かいわい》に与えたインパクトは大きかった。その結果、何が起こったかというと、彼らは「量のほうが数より一般的でもあるし、また本質的でもある」という認識をもつようになっていくのです。「数」よりも線分や面積などの「量」のほうがよりシリアスな対象であると考えるようになって、古代ギリシャの数学者たちは幾何学に傾倒していくことになるのです。ただし、その傾向が過度に表れると、おかしなことも起こってしまいます。

偶数＋偶数＝偶数

例えば、『ユークリッド原論』と呼ばれる、全13巻からなる古代ギリシャの数学を代表する書物があります。この9巻に「偶数と偶数を足したら偶数になる」という命題の証明があるんです。その証明が、めちゃくちゃイカしているんですよ。

分かりやすく言うとこういうことです。「線分ABを偶数とせよ。で、線分ABは偶数なので2つに等分する。また、線分CDも偶数とせよ。次に線分CDも偶数なので2つに等分する。その片方ずつを足したものは全部の和を2つに等分する。よって、全部の和も偶数である」。

なに言ってるか分かりません。どこが分かりやすいんだか。

でしょ？　線分を描くとなんとなく把握できますよ（図3－1）。

線分ABは偶数だから等分することができ、それぞれの線分を n とする。線分CDも偶数だから等分することができ、それぞれの線分を m とする。線分 n と線分 m を足して2本の線分をつくると、それぞれ同じ長さになる。つまり、同じ長さの線分が2つできるということなので、足し算すると偶数になることが分かる。念のためですが、古代ギリシャ人たちは当時まだ、2倍の n とか2倍の m といった記号法は使えませんでした。単純に線分

図 3–1

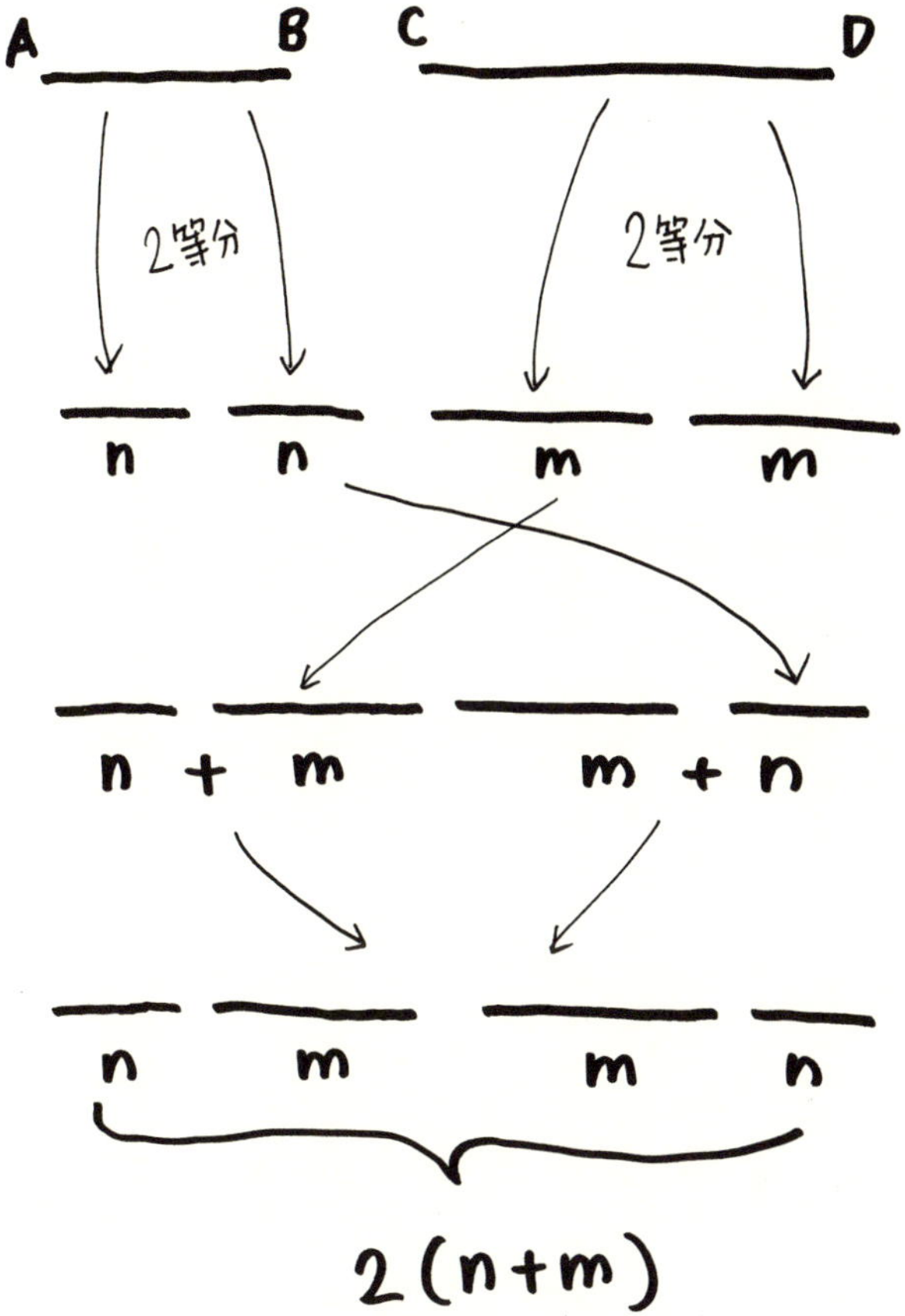

だけで証明しています。

ん？　そもそもですが、どんな線分も2等分できてしまいますよね？

そう、だから、この証明方法はナンセンスなんですよ。線分というのは連続量だから、常に2等分できる。それなのに「偶数だから等分できる」と言ってしまうのは意味不明なわけです。そもそも、この証明になぜ線分を使うのかが分からない。というか、線分にすることによって、余計わけが分からなくなっているじゃないですか。ちょっと笑ってしまいますよね。

だけど、古代ギリシャの人々にとっては、線分こそがまともな量だったので、こうやって証明をするしかなかった。幾何学量というものを重視しすぎていることの表れですね。

この問題をさらに深掘りしていきましょう。今度は線分でなく、数で議論してみます。そうすると、実際の数を当てはめてみるしかありませんね。例えば、片方の偶数を6として、もう片方の偶数を10とする。6は3と3に、10は5と5に等分することができます。わかれた数をそれぞれ組み合わせると、一方は3＋5、もう一方も5＋3で、両方とも8

図 3–2

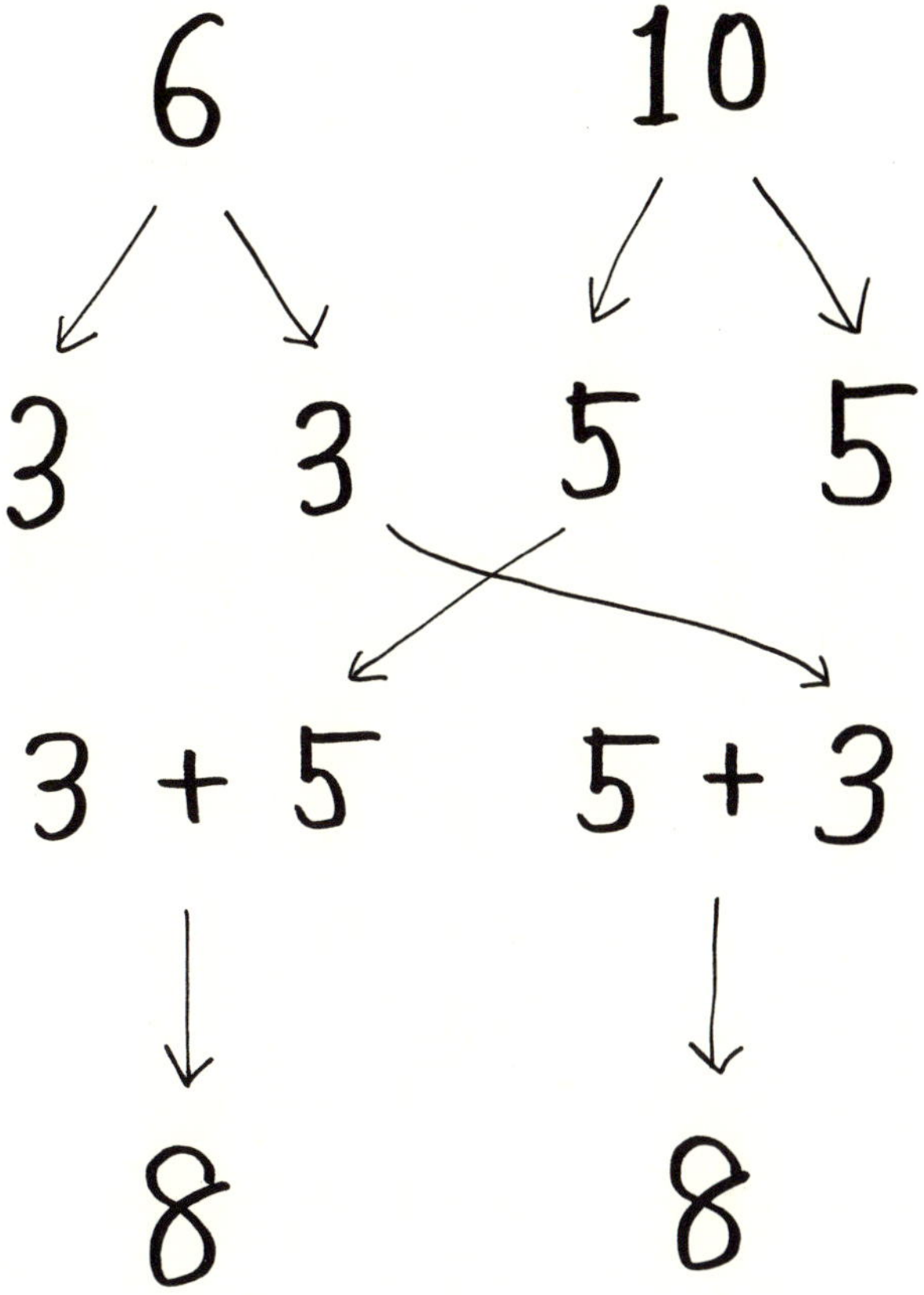

になる。8＋8は16だから、確かに偶数＋偶数＝偶数です……というふうに証明するしかないわけです（前頁、図3-2）。

この2つの方法を比較すると、古代ギリシャ人にとっては、線分による証明のほうがよりフォーマルに見えたのでしょう。現代の私たちはこの証明を、nやmのような文字を使って解きますが、これは未知数ではなく既知数を文字にしているんですね。すでに知っている数を、知らないふりをして記号に置き換える。方程式を立てるときに、知りたい数を「x」とおいたりしますが、それとは本質的に違うことなんです。未知数だけじゃなくて、既知数をも文字にしちゃうというのは、実はかなり抽象度の高い議論で、記号代数学と呼ばれるものです。記号代数学が本格的に始まったのは、16世紀の終わりから17世紀の初めにかけてとされています。

えっ、めちゃくちゃ最近なんですね。

そう。近代になって記号でできるようになったことを、紀元前の古代ギリシャ人は図形的に実践しようとしていたのです。方法としてはナンセンスではありますが、すべての偶数を表す既知数の代わりとして、線分を使っていたわけですね。線分、あるいは面積、体積といった図形量をすごく重要視し、それを基本にして代数学を構成していきました。

紀元前の人々の頭の中を、ここまで覗き見ることができるのは面白いですね。

そうですね。まず、ユークリッドの互除法というアルゴリズムを発明したというバックグラウンドがあって、じゃあそれを正方形の1辺と対角線に応用してみようという、無茶なことをやる人がいた。決定的な記録が残っているわけではないけれど、当時の人が持っていた数学的なテクノロジーがどのようなものだったのか、当時の人はどういう問題に興味を持っていたのかということは、ある程度は復元していくことが可能なわけです。

$\sqrt{2}$より$\sqrt{5}$の方が早かった?

無理数に話を戻しましょう。歴史学者・伊東俊太郎さん（1930〜2023）の『ギリシア人の数学』（講談社学術文庫）を読むと、古代ギリシャ人による無理数の発見について復元が試みられていて面白いですよ。伊東さんによると、彼らは正方形の研究によって$\sqrt{2}$の無理性を発見する前に、$\sqrt{5}$のほうに気づいたのではないかというんです。

なぜなのか。ピタゴラス学派は正五角形の作図ができたことで知られています。正五角形を描くことができるなら、そこに対角線を描くだけで星形（五芒星）の作図もできてしまう。実際に彼らはこの五芒星を、学派のシンボルマークにしていました。この五角形の1辺の長さを1として、対角線の長さとの比を求めると、「黄金比」と呼ばれる、$\sqrt{5}$という無理数が入った比率になるんです（図3－3）。

この黄金比は人間がもっとも美しいと感じる比率であると言われていて、パルテノン神殿やミロのビーナス、モナ・リザといった歴史的な建造物や美術品、自然界ではアンモナイトの螺旋《らせん》や銀河の渦巻きの中にも見つけることができます。身の回りのものだと、クレジットカードなどのカード類の縦横の比率も黄金比に近い数となるんですよ。もっといえば、フィボナッチ数列というものがあるでしょう？ 1、1、2、3、5、8、13、21、34、55……と、前の2項の数を加算しながら続いていく数列ですが、隣り合う数の比がだんだん黄金比に近づいていくのです（84頁、図3－4）。

図 3–3

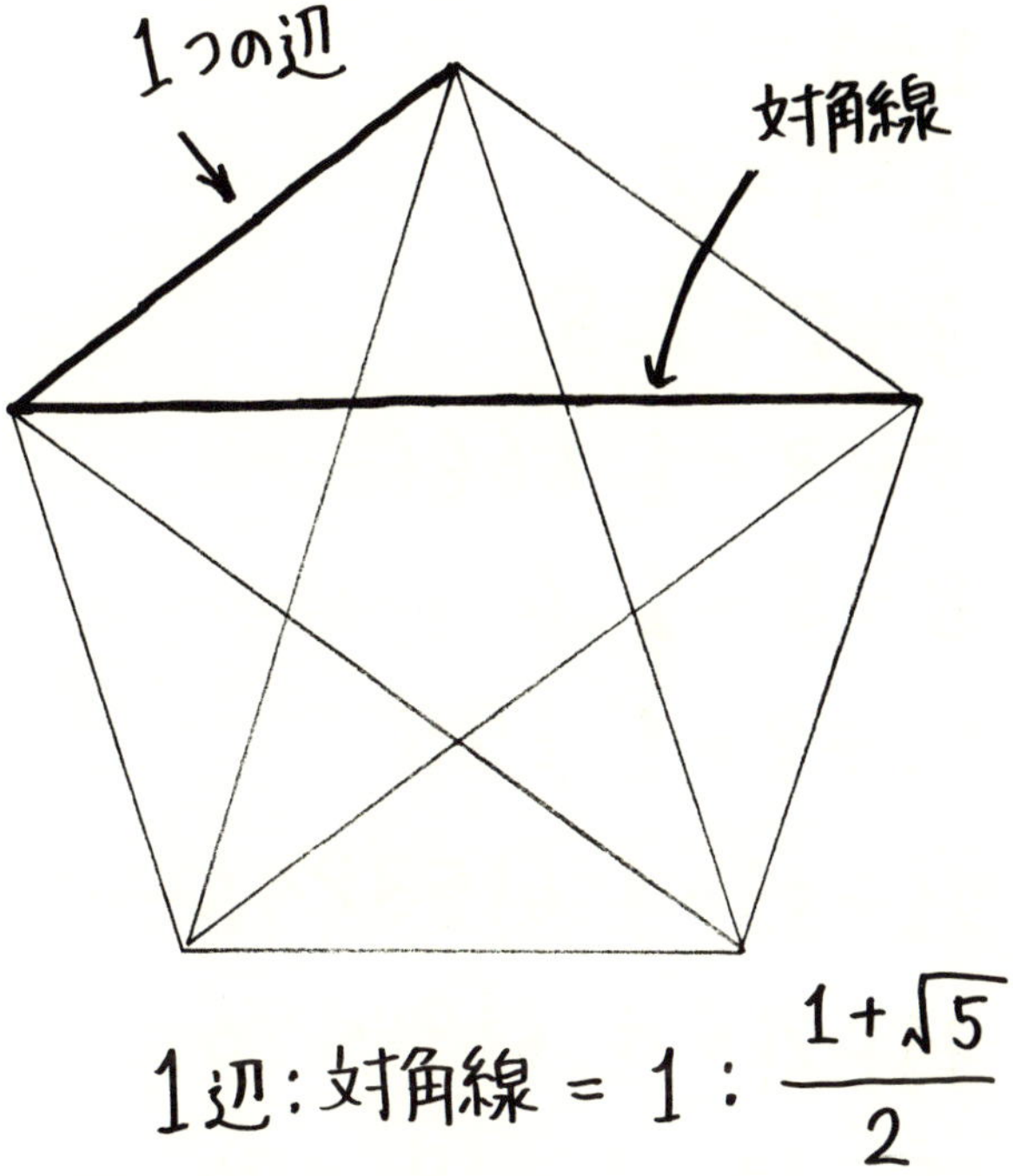

図 3–4

$1 \div 1 = 1$

$2 \div 1 = 2$

$3 \div 2 = 1.5$

$5 \div 3 = 1.6666\cdots\cdots$

$8 \div 5 = 1.6$

$13 \div 8 = 1.625$

$21 \div 13 = 1.6153846\cdots\cdots$

$34 \div 21 = 1.6190476\cdots\cdots$

$55 \div 34 = 1.6176470\cdots\cdots$

↑

どんどん黄金比に
近づいていく!!

ではなぜ、$\sqrt{5}$のほうに先に気づいたと推測できるのか？　実は、正五角形の1辺と対角線の比を出すための作図のほうが、正方形の1辺と対角線の比を出すための作図よりも、比較的簡単なのです。ユークリッドの互除法を使ってこれらの比を出そうとすると、作業を何回か続けたうえで図形が元の形にリセットされてしまうことは先に述べましたね。このリセットまでのステップ数が、前者は後者よりも少なくて済む。

だから、古代ギリシャ人たちは$\sqrt{5}$のほうに先に辿り着けたのではないかと、伊東さんは推測したというわけなんですね。

ゼノンのパラドックス――現実を無視して論理をゴリ押し

最後にまとめとして、古代ギリシャの哲学者であるエレアのゼノン（前490頃～前430頃）について話をしたいと思います。「ゼノンのパラドックス」が有名ですが、ご存知でしょうか？「飛んでいる矢は止まっている」とか。

図 3–5

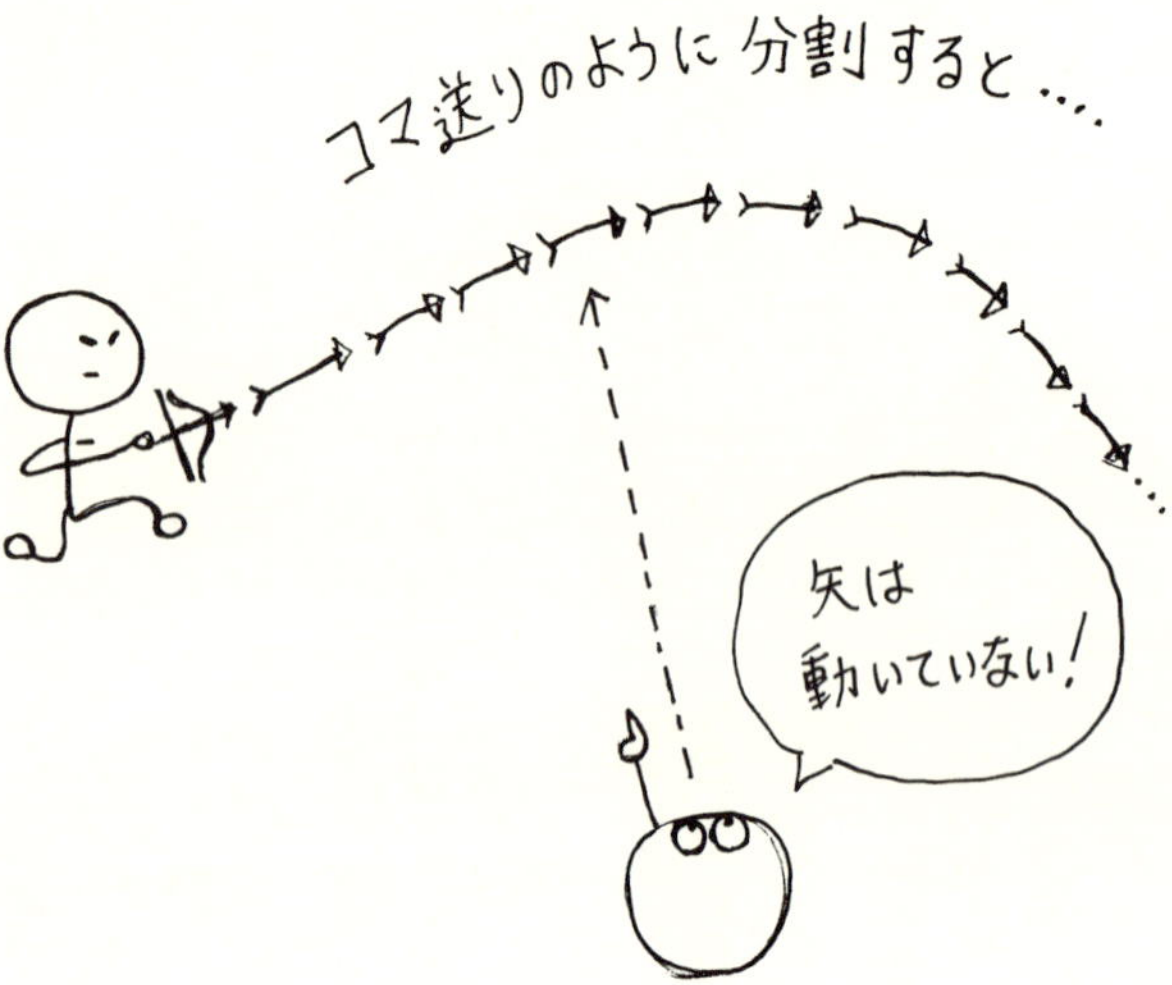

聞いたことがあります。

矢が放物線を描いて飛んでいるとして、その動きを映画のコマ送りのように分割してみます（図3−5）。このように、世の中の空間や時間が無限に分割可能であると仮定すると、運動は一瞬一瞬というものから成り立っていることになる。一瞬においては、物体は動いていない。ところが、それらをすべて足し合わせると、動いているという矛盾が起こってしまう。飛んでいる矢はいつの時点でもその瞬間は止まっている。そう考えると、いつも止まっているわけだから、矢は止まっていて動かない、というのです。

うーむ。モヤモヤします。

私たちの目の前では明らかに矢が飛んでいる。でも、それを論理的に説明しようとすると、どうしても矛盾してしまう。論理と現実の間に乖離《かいり》が起こるのです。ゼノンはそこを突きました。論理というもので現実を説明するのは不可能だと、ちゃんとわかっていたんですね。

この「ゼノンのパラドックス」を受けて、ギリシャ人たちは現実を取るか、論理を取るかの二者択一を迫られたのかもしれません。で、彼らは迷わず論理を取った。

え。目に映る現実を無視してですか。

そう、現実はまやかしだ。あるように見えて、何もないんだということにした。

哲学者のプラトン（前427頃～前347頃）のイデア論は、その最たるものです。「イデア」という完全に真実である世界こそが実在しており、私たちが実際に見たり感じたりしているものは、その世界を真似た影でしかない、つまり写しでしかないというものです。論理で世の中を説明するためには、どうしても現実は嘘だ、まやかしだと思わなければいけなくなってしまったわけです。運動も生成消滅さえもまやかしであると。となると、運動に依拠した議論は証明になりません。

もしかして、証明の過程で図形を移動させるのもダメなんですか？　一部を切って反転させたりするのも？

そんなもん、もってのほかです。図形を動かして別の場所にもっていって組み合わせるなんて行為は、彼らにとってはものすごくヤバいことだったんですよ。

古代ギリシャ人は数学の基礎を築くという意味で多くの功績を残しましたが、彼らの考え方はすごく偏っていました。全てを論理でゴリ押しして、論理で説明できないものが出てきたら「存在しない」と言い切ってしまう。また、数でなく図形で勝負しようとして、偶数の証明に線分を使ってしまうという感覚ですよね。

でも、ここが面白いところなのですが、近代以降の西洋人が築き上げた数学は、古代ギリシャのものとはかなり性格が異なるのです。現実主義的な側面が見えて、よくも悪くも、なんかテキトーですよね。

数学史を見ると、エジプト数学、バビロニア数学、インド数学、中国数学……。それに日本では和算が発明されるなど、地域ごとにいろいろな数学の伝統があったのに、現在は〝西洋数学〟というローカルな文化が世界を支配してしまっている。そんなことができたのは、西洋人が原理主義に陥らずに、柔軟でいいかげんだったというのが大きいと思いますね。柔軟な考え方が微分・積分を発達させ、それが機械学の発達へとつながり、様々な技術革新を起こしていきました。

だけど、古代ギリシャ人はどうしても「まあ、どっちでもええやん。テキトーにいきましょう」と言うことはできなかったんですね。現実を無視して、論理をゴリゴリに重視したわけです。というわけで、古代ギリシャ人が考えていた数学の姿は、私たちの数学とは似ても似つかないんだよというのが、第3章のオチでした。

現実を見ないで押し通す……そういうヤツいますね、今も時々。

います、います。……あ、私もよく言われます。妻から「もうちょっと現実を見なさい」って。

第4章　負の数を受け入れる

嫌われていた「負の数」

中学生になると「負の数」を習いますよね。「負の数」って目には見えないものなので、ここで躓く子どもって多いと思うんですよね。リンゴが目の前に3個あったら、1個、2個、3個までは引き算できる。残りが0個になったらもう引けないのに、「そこからさらに数を引けるってどういうこと?」と。人間は一体いつから、なぜこんなことを考えはじめたのでしょうか?

「負の数」の始まりはどこだったのか。時期や場所をはっきりと特定することはできませんが、第1章でチラリと登場した古代中国の『九章算術』(43頁)には、すでにその考え方が現れています。『九章算術』は漢の時代に全9章が成立したということぐらいしか判明していなくて、それが前漢だったのか後漢だったのかもわかっていません。『九章算術』の第8章「方程章」を読むと、「無入から正を引くと負である」などと書かれています。「無入」とは0のことですから、実に明快な負の数の説明です。

ここで扱われていたのは貸し借りの計算問題でした。古代中国ではすでに、お金を借りれば負債という形で「負の財産」を持っている、あるいは、人にお金を貸したら自分は「負の財産」を渡しているという感覚があったわけです。だから、人々が負の数について考え始めたのって、最初は非常に便宜的な理由からだったと思うんですよね。大昔は物々交換なども盛んにおこなわれていたので、この考え方は意外とすんなりマッチしたのかもしれません。

そこからだいぶ時間はとびますが、7世紀のインドで出された『ブラーフマ・スプタ・シッダーンタ』（55頁）では、負の数と0がかかわる演算の規則についても書かれてあり、「正数割る正数、あるいは、負数割る負数は正数である」とか、「正数割る負数は負数である」とか、現代の我々が知っている数学と同じことが記されています。

面白いのは、アラビア数学では負の数は忌避されているんです。アラビア数学の担い手たちは、どういうわけか負の数を扱わなかった。インドから入ってきた文献を翻訳して、負の数の概念を学んで理解していたはずなのに、彼らは意図的に負の数を使わなかったのです。間違いなく負の数を嫌っていたんですよ。

さらに不思議なことに、ヨーロッパでも負の数は嫌われていました。いろいろな文献を参照すると、一部で負の数が使われるようになるのは、13世紀ぐらいからだったということが分かります。

つまり、洋の東西で、負の数の受け取り方がまったく異なるということですね。中国やインドなどの東洋の世界では、古代から負の数を普通に使いこなしていたけれど、西洋の世界においてはなぜかその存在は忌避されていた。

存在してはいけない方程式

なぜ、これほどの差が生まれたのでしょうか。

数の捉え方が、根本的に違うからでしょうね。

まず、中国やインドなどの人々――日本人も含めてですが――にとっては、数はただの数にすぎないんです。それ以下でもなければそれ以上でもない。私自身も今まで各所で「数とは計算できる記号である」と述べてきました。要するに、ただの記号だってことですね。日本人では、そういう感覚をもつ人は多いんじゃないかと。
例えば、中国では紀元前2世紀頃から「算木《さんぎ》」という道具を使って、かなり高度な数学の計算をおこなっていました。算木は長さが3〜14センチ程度の木製のスティックで、これらのスティックを縦と横にそれぞれ並べることで数を表現します。位取りについては10進数で、赤色の算木で正の数を、黒色の算木で負の数を表していました（次頁、図4―1）。
彼らはこの算木を使って、四則計算をおこない、方程式を解くこともありました。現代でも算木を扱える人がいるのですが、実際に映像で見てみると、実に手さばきがよくて感心してしまいます。

なるほど、分かりやすい！　ちなみに、0はないのですか？

0の場合はスペースをあけていたのですが、後年、丸い石を置くようになりました。

古代バビロニアやインドと同じような発展のしかたですね。非常にシステマティックで使いやすいです。

図 4–1

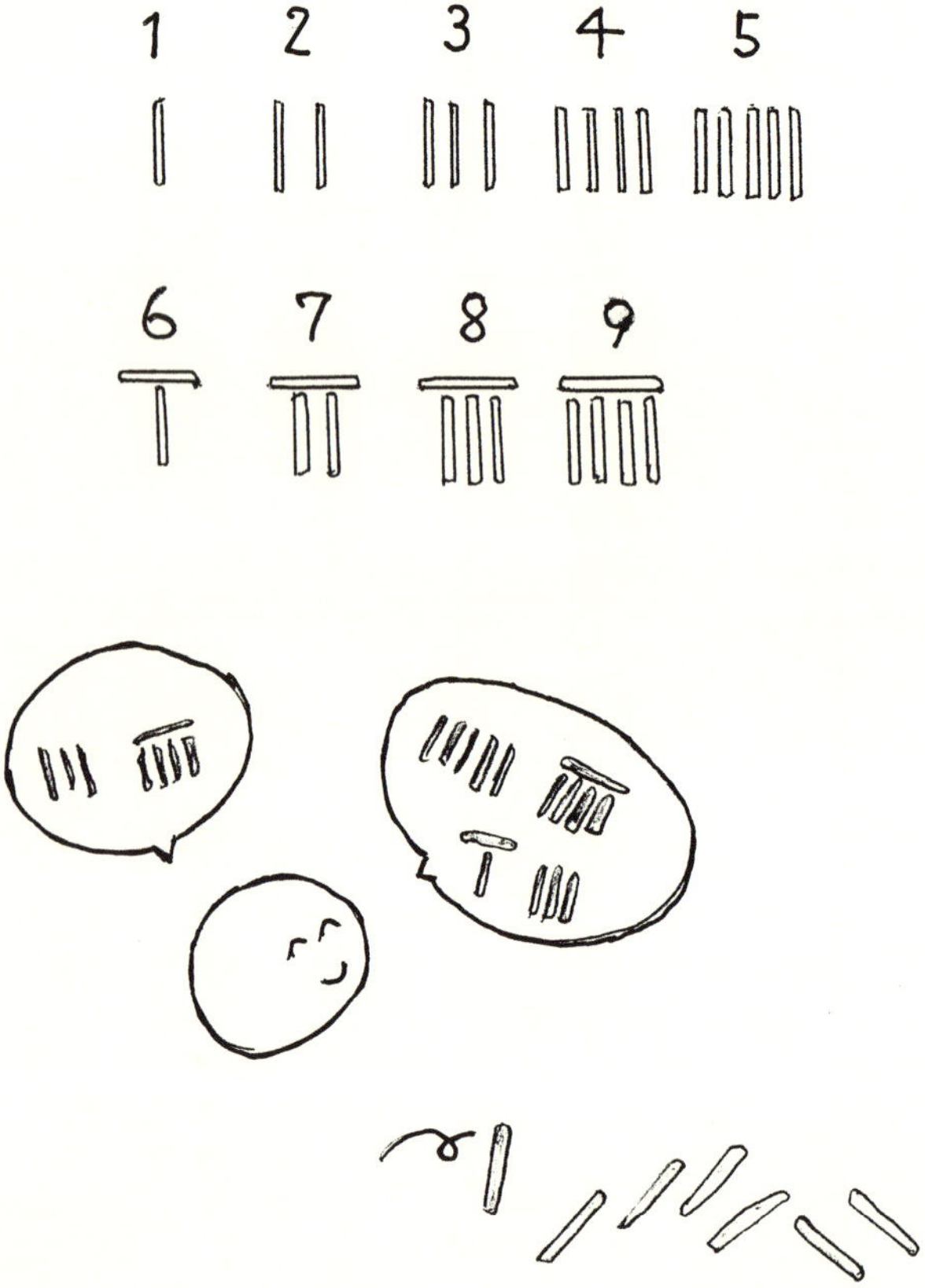

このように、東洋の人々にとって数というのは、計算の過程で現れる、ただのシンボルだったんですね。一方、西洋の人々は数を実体的に捉えていた。『ユークリッド原論』において、偶数にかんする証明が線分を使ってなされていたように、数は実体を感じられなければならないのです。だから、−2とか−3とか、そんなもんは数として間違っているというわけです。

二次方程式を解くと、答えのうち1つは正の数で1つが負の数であるということはよくありますね。ところが西洋では、方程式の解はすべからく正の数でなければいけない。よって、正の数の答えだけが正解であって、負の数のほうは間違った答えだということにしたのです。さらに言えば、負の答えしかもたない二次方程式は、間違った二次方程式だということになります。

存在してはいけない方程式……。

そうそう。サタンの世界からやって来た方程式です（笑）。

しかし、数ってよくよく考えると不思議ですよね。物体とセットで考えないと把握できないというか……例えば私が「2という数をお見せしましょう」と言って、その概念を実際に提示できるわけではありませんよね。リンゴを2つ、鉛筆を2本、紙を2枚など、何らかの実体を2個用意する必要があります。

一方で私たちは、物体から独立した形でも数を扱うことができます。スーパーマーケットに行くと、我々は具体的な商品をいろいろとカゴに入れるわけですね。最近は野菜の値段がすごく上がっていますが、「もー、トマトったら高いんだから」とか言いながら。そこでトマトを2つ、キュウリを3本、お肉を1パック買ったとしましょう。いざレジに持っていくと、具体的に何の商品を買ったのかは関係なく、数としての値段がどんどん足されていき、その合計の金額を支払うわけです。実体とセットになっている数と、実体から離れて独立した数。2つの数のあり方の両方を体験できるんですね。

テキトーにやれば上手くいく

負の数を忌み嫌っていた西洋人ですが、近代になってそれを取り入れはじめたのは、「このままじゃ数学が上手くいかねえな」ってことが分かってきたからでしょうか。

そのあたりも、西洋人はなんかテキトーでいいなあと思うんですよね。西洋では18世紀になっても数学者が「あんな数は無意味だ」とか言っていたのに、そのうち負の数も取り入れて、普通に計算を始めちゃうんです。と思ったら、たちまち虚数も使いこなすようになりました。虚数とは、たとえば、２乗すると−1になる数、すなわち、$x^2=-1$という二次方程式の解のような数のことです。そんな数は「実数」の範囲では存在しません。つまり、数直線上には存在しないのです。スイスの数学者レオンハルト・オイラー（１７０７〜１７８３）は、$x^2=-1$の解のひとつを、「虚数」の頭文字のiで表し、虚数単位と呼びました。

懐かしい……虚数もよく分からなかったなあ（遠い目をする）。

iは、イマジナリー・ナンバー（imaginary number）という意味ね。

あ、そうか。イマジナリー彼氏と同じですね。イメージできました。

こうして生み出された虚数ですが、19世紀くらいまでは胡散《うさん》臭い数として扱われていました。西洋人の偏見を一気に覆し、彼らが虚数を使いこなすようになるきっかけを作ったのは、ドイツの数学王であるカール・フリードリヒ・ガウス（1777〜1855）です。ガウスを境として、西洋人たちの態度はけっこうガラリと変わりました。それまでは「いやあ、虚数、なんか変じゃない？」と顔をしかめていたのが、舌の根も乾かぬうちに「虚数なんて普通の数っしょ」と言っている。悪く言えばいいかげん、良く言えば柔軟ということなのでしょうね。

で、ガウスが何をしたかというと、虚数というものを実体として捉える方法を与えたのです。数というものは、整数も小数も分数も、数直線の上に点をとって示すことができますよね。0を「原点」として、右にいくにつれて数は大きくなる。原点から左にいくと負の数になります。

しかし、この数直線上に虚数iを見つけることはできません。では、実際にはどこに位

図 4–2

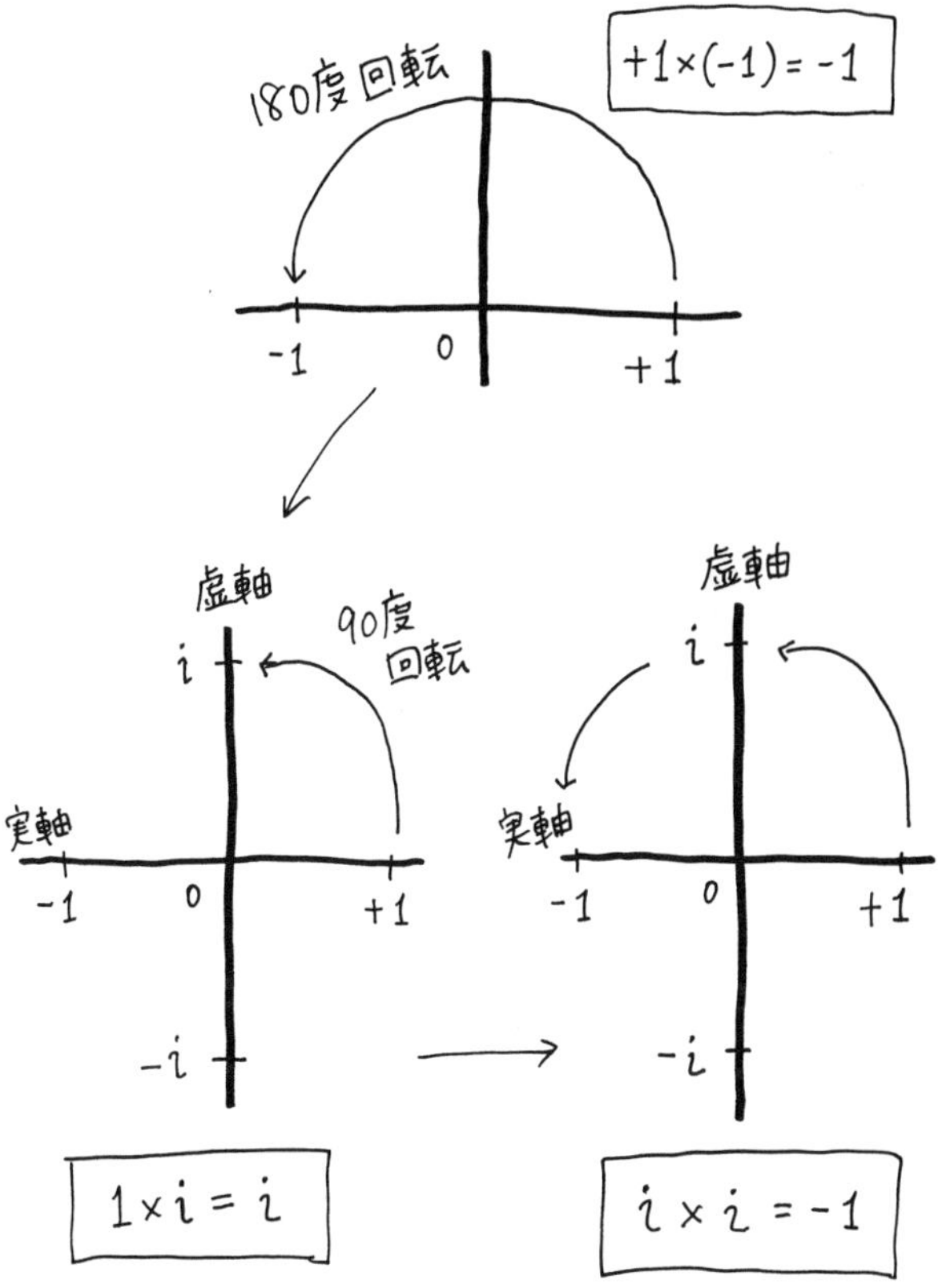

置しているのか。ガウスは「複素平面」（注：高校数学では「複素数平面」と呼ばれています）という道具を提示することで、虚数を視覚化することに成功しました。

まず、数直線上に「+1」をとってみましょう（前頁、図4-2）。この「+1」に「−1」を1回かけると、原点を中心に180度回転して「−1」となります。次に虚数について考えましょう。$i^2=-1$ですから、「+1」に「i」を2回かけたら「−1」となりますね。つまり、「+1」に「i」を1回かけると原点を中心に90度回転して「i」になり、そこにもう1回「i」をかけると、また90度回転して「−1」になります。

このように水平な数直線（実軸）で実数を表し、垂直な数直線（虚軸）上でiを表せば、iを視覚化できるのです。この実軸と虚軸をもつ平面を「複素平面」といい、実数と虚数が組み合わされた数を「複素数」といいます。

我々が数の実体というものをどうやって捉えたらいいのか、その手ほどきをガウスはスマートに与えてくれたわけですね。彼は論文に、「こういうふうに考えれば簡単なのに、今まで誰も何もやってこなかったというのは、私にはとても信じられないんですけど」なんて書いているんですよ。

うわっ、感じ悪い（笑）。

ガウスはちょっと性格的に難しいところがあったんですよね。

例えば、「建築物ができあがったとしても、足場が残っているようではみっともない」ということを言っていてね。要するに、数学の理論を皆さんにお見せするときには、それがどのようなアイデアとモチベーションで結実したのか、プロセスが分かるようではいけないと考えていたんです。自分の手の内を明かしたくない、秘匿したがる人物だった。新しい発見をしても他人に明かさず、それに近いことを言ってくる人間がいたら、「実を言うと、僕も何十年か前にすでにやっていてね……」とか言ってしまう。

実に見事なマウンティングですね。

しかも、ガウスの言ってることは正しいので、余計にタチが悪い。

象徴的な実例があって、ヤノシュ・ボヤイというハンガリーの数学者が非ユークリッド幾何学を発見した時、彼の父親のファルカシュ・ボヤイがガウスに「息子が新しい幾何学を発見した」と、論文を送っているんです。ガウスは「驚異的な論文である！」としながら、「私が昔やったことと全く同じだ」と付け加えた。ヤノシュ・ボヤイはものすごく落胆して、その後ガウスを憎み続けることになったという話もありますね。そのように、ヤング・ジェネレーションには特に当たりがきつかったといいます。面倒見が悪かったのでしょうね。

マイナス×マイナスがプラスになる理由

そういえば、大人気を博した少年漫画『呪術廻戦』に、五条悟という人気のキャラがいます。彼はマイナスのエネルギーを持つ呪力同士を掛け合わせて、強力なプラスのエネルギーを生み出して敵を倒すんですよ。

妻も『呪術廻戦』を読んでいて、五条ファンですよ。「なんでマイナス×マイナスはプラスなの？」と質問されたことがあります。

そうなんです。学校では「マイナス×マイナスはプラスだよ」と習うけど、理由は分からないまま覚えて計算していました。今でも分かりません。

「−1×−1＝1である」――が理解できればいいんですよね？　まず、「−1×−1＝1であるとすると、全てのつじつまが合う」。これが一つの考え方です。

え、つじつま？

例えば、4×4＝16であることと、3×3＝9であることとは、どうしようもない事実として存在するわけですよね。で、4から1を引いたら3ですね。だから3×3というのは、（4−1）×（4−1）ですよね。（4−1）×（4−1）が9になるようにするためには、−1×−1は1。

これはさすがに私でもできますよ。カッコを開いて、16−4−4＋1＝9。たしかに、

図 4–3

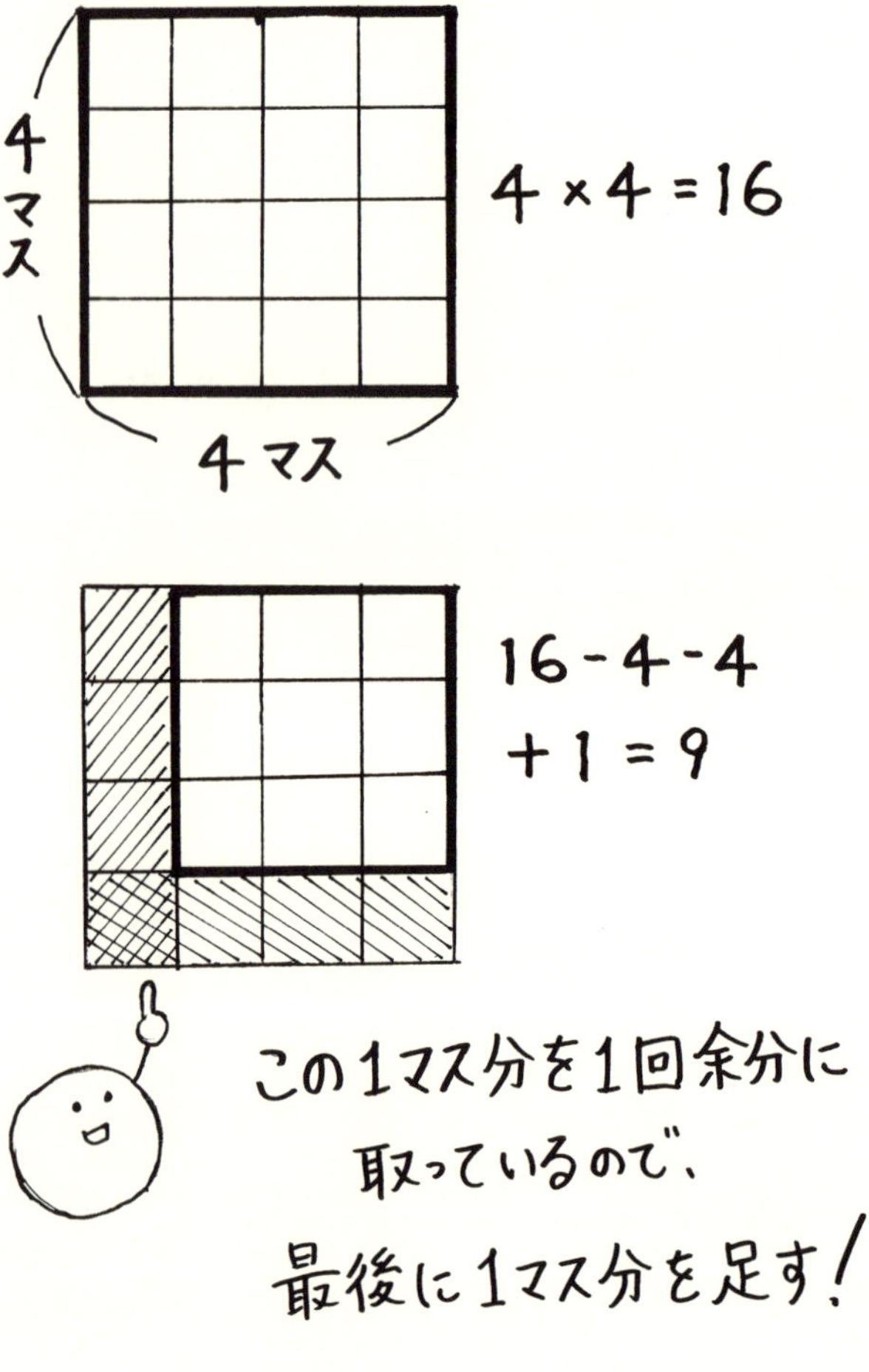
4マス
4マス
4×4=16
16-4-4
+1=9
この1マス分を1回余分に
取っているので、
最後に1マス分を足す!

−1×−1＝1としないと、つじつまが合いませんね。

完全に余計なお世話かと思いますが、このかけ算を図でも描いてみましょう（図4−3）。縦4マス×横4マス、全部で16マスのマス目があるとします。ここから横に1列（4マス）、縦に1列（4マス）を取ると、重なっている部分の1マスを1回余分に取ることになってしまうので、最後に1マスぶんを足します。この過程を式で表すと、16−4−4＋1＝9ですね。

こうやって可視化されると納得します。

まあでも、こんなもんで騙されないでくださいね。中学生向けの説明としては十分ですが、ここで納得して終わってしまってはダメだと思っていて。実は私、マイナス×マイナスがプラスであることを示す他の方法を知っているんです……（笑）。

なんですか、その不敵な笑みは……。

ちょっと長くなりますが、順番に説明していきますね。私たちは普段、10進位取り記数法で数を表しますよね。だったら、－1も10進位取り記数法で書いてしまおうというのが私の考えです。あ、「なに言ってんだ」みたいな顔をしましたね？　まずは10進位取り記数法がどのような方法で求められているのか、正の数で確認してみましょう。

数はなんでもいいのですが、ひとまず$a=123$で設定しましょう（図4－4）。まず、1の位を求めようとすると、aを10で割った余り、つまり3になります。次に10の位ですが、aから先ほどの余り3を引いておいて、10で割ると12になる。これをa'としましょう。a'を10で割ると余りは2で、これが10の位の数になります。最後に100の位。これまでと同様、a'から先ほどの余り2を引いて、それを10で割ると1になる。これを10で割ると余りが1なので、これが100の位の数になりますね。

このように、10進位取り記数法で各位の数を求めるためには、まず10で割った余りを出して、全体からその余りを引いて10で割る、また余りを引いて10で割る、また余りを引いて……というのを繰り返していきます。

図 4–4

$$a = 123$$

$$123 \div 10 = 12 \cdots \underline{\underline{3}} \quad (1の位)$$

$$a' = \frac{a - 3}{10} = 12$$

$$a' \div 10 = 1 \cdots \underline{\underline{2}} \quad (10の位)$$

$$a'' = \frac{a' - 2}{10} = \frac{12 - 2}{10}$$

$$= 1$$

$$a'' \div 10 = 0 \cdots \underline{\underline{1}} \quad (100の位)$$

はい、ここまでは大丈夫です。

では、これを-1で実践してみましょう。そもそも、1という数字は10進位取り記数法で表されていますが、そこにマイナスという謎の記号がついてしまっているわけです。マイナスは10進位取り記数法にはない記号ですから、本来このような〝チョンボ〟をしてしまってはダメなんですね。チョンボと言うと、私が学生時代に麻雀狂いだったことがばれてしまいますが……。

ともかくマイナスをつけるのはここではルール違反なので、-1を先ほどの手順に従って、10進位取り記数法で正しく表してみましょう（図4−5）。

$a=-1$として、まずは1の位を求めます。-1を10で割った余りは何か。余りというのはそもそも、0〜9までの数のどれかでなければなりません。そう考えると、余りは9しかありえませんよね。つまり、-1を10で割ると、$-1=-1\times10+9$なので、商が-1で余りは9だというわけです。「10で割った余り」とは、その数から余りを引いたら10で割り切れるような、0〜9までの数のことなのです。

次に10の位ですね。a'は、-1から先ほどの余りの9を引いて10で割った数です。これも

図 4–5

$a = -1$ → 余りは9（1の位）

$a' = \dfrac{-1-9}{10} = -1$ → 余りは9（10の位）

$a'' = \dfrac{-1-9}{10} = -1$ → 余りは9（100の位）

→ つまり

$-1 = \cdots\cdots 999999$

$-1+1$を計算してみよう！

$$
\begin{array}{r}
\cdots\cdots 99999999 \\
+ \qquad\qquad\qquad 1 \\
\hline
\cdots\cdots 00000000
\end{array}
$$

永遠に0が続くので、

$-1+1=0$

また−1になりますから、それを10で割ると余りは9。したがって、10の位も9となります。

計算を続けなくても分かります。ここからは9の無限ループですね。

その通り。10進位取り記数法で数を表そうとするとき、正の自然数だと必ずどこかでアルゴリズムが停止するのですが、負の数だと無限ループに陥ってしまうんです。やっぱり負の数って恐ろしいですよね。

試しに、−1を10進位取り記数法で表したものに1を足してみましょう（前頁、図4−5）。縦書きの計算でやってみると、1の位は9＋1で10ですから、10の位に1が繰り上がります。そうすると10の位は9＋1で10ですから……ここでも0の無限ループが発生するわけです。繰り上がりが永遠に続いてしまう。よって答えは0になり、ちゃんとつじつまが合うんですよ。

さあ、最後に−1×−1を計算してみましょうか（図4−6）。どうでしょう、それぞれの段の計算結果は、右端の数字が1となり、そこから左へとずっと9が続いていくことになりますよね。そして、この段も無限に続いていくわけですが、数字の並びは一段ずつ順に左

図 4–6

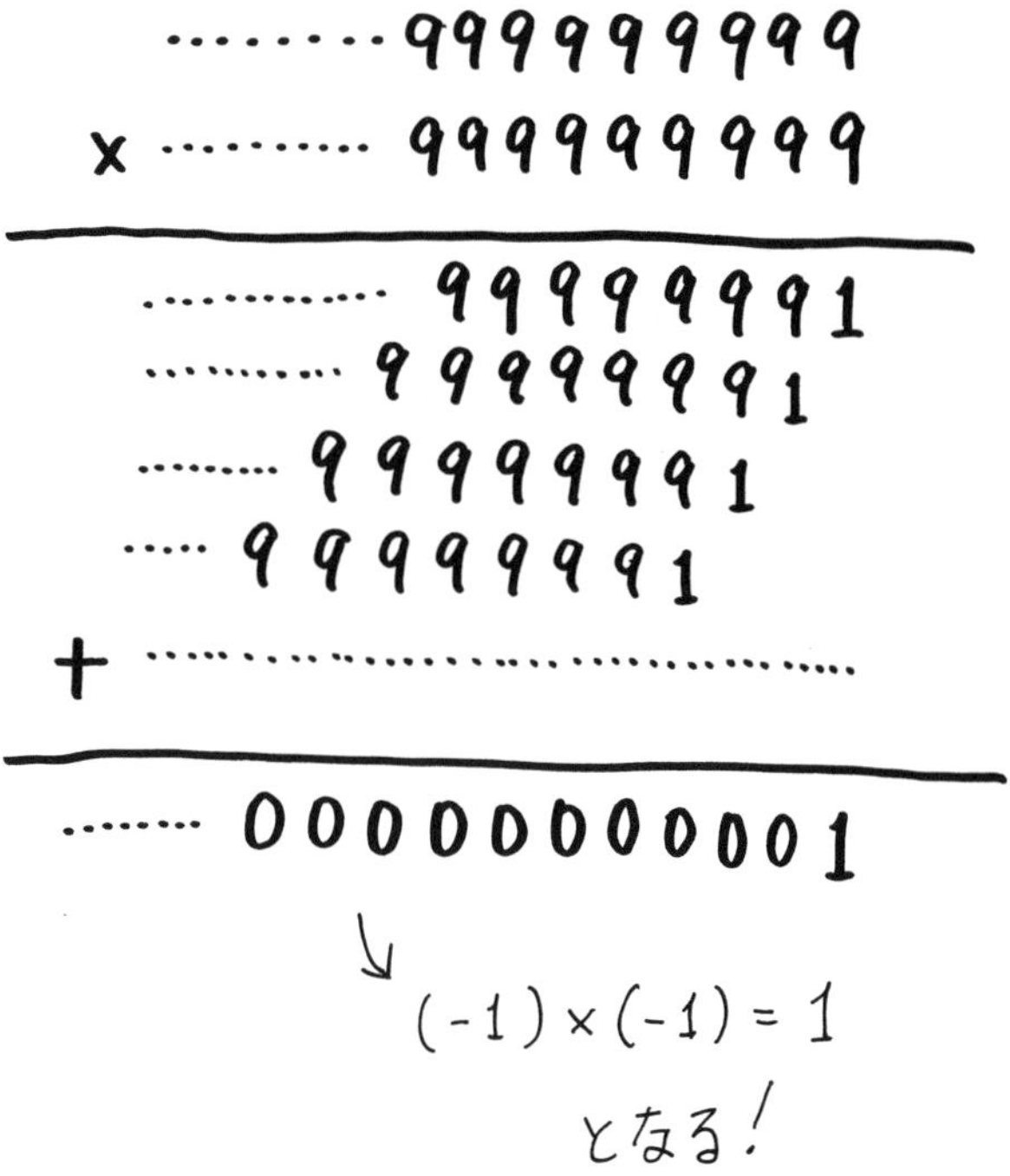
………999999999
x ………999999999
………99999991
………99999991
………99999991
………99999991
+ ………………
………0000000001
(-1)×(-1)=1
となる!

にずれていっているため、そのパターンに従って合計することが可能です。1の位は1となり、そこから先は繰り上がりが続くので0の無限ループ。よって、−1×−1が確かに1であることが分かります。

おーっ、なんかこれ、脳にある種の快感がありますね。

この方法の素晴らしい点は、感覚的ではなく、完全にアルゴリズミックな説明ができているというところです。

しかし、人間の認識能力はつくづく不思議ですよね。無限に続く数字や計算であっても、一度そのパターンを認識してしまえば、あとは「キユーピー3分クッキング」みたいに、あっという間に処理してしまう。下手なコンピュータプログラミングだったら、このような気づきはできないと思いますよ。人間ってやっぱりすごいです。

第5章　気まぐれな素数

徹夜の素数大富豪大会

凡人にはよく理解できないんですが、数学マニアの人たちって素数が好きですよね。

せきゅーんさんによると、人はみな他人には言えない秘密の〝推し素数〟を持っているとのことです。「はじめに」の会話で、あなたは好きな数が「3」だと即答しましたよね。3は素数ですから、あなたにも推し素数があるということですよ。

加藤先生の推し素数は91。

だから、間違えたんだってば。91は素数ではないです。

ところで、「せきゅーん」って誰ですか？

関真一朗さんという日本の数学者です。彼は大学院生時代に「素数大富豪」を考案したことで、数学界隈では非常に有名な人物なんですよ。……あ、「素数大富豪」をご存じない？　大人数での対戦型のトランプゲームで、配られたカードを並べて素数を作り、前の人より大きい素数を出していく。最も早く手持ちのカードを使い切った人が勝ちです。素数を出せない場合はパスしてよい。素数でない数を出すとペナルティとしてカードが増えます。素数にかなり詳しくなければ勝てないゲームです。

「MATH POWER」という、数学マニアが集まって何十時間もぶっ通しで数学をするイベントがあるのですが、そこでは徹夜での素数大富豪大会が開かれたことがありますよ。

なんて恐ろしい大会だ……そもそもですが、出された数が本当に素数かどうかの判定が難しくないですか？

最近はスマホのアプリを使えば、10桁、20桁ぐらいの数は一瞬で素数判定できてしまいます。でも、素数マニアたちは暗算で素数か否かを判定する方法にめちゃめちゃ詳しいんですよ。例えば、123123、519519のように、3桁の数字の組を2回並べた6

桁の数は、必ず1001で割り切れます。123123は123×1001、519519は519×1001なんです。1001は7×11×13ですから、3桁の数字の組を2回並べた6桁の数というのは、7と11と13で必ず割り切れる。こういう知識を1つもっておくだけでも、素数大富豪をかなり戦略的に戦えるのです。

「素数」とは何かをおさらいすると、「1」と「その数」自身しか約数をもたない正の整数のことですね。つまり、「1」と「その数」自身でしか割り切れない。そうなると「1」は素数ではないわけですよね。

はい。1は素数から除外されるというのは、かなり重要なポイントなんです。これはマニアの間でもけっこう意見が分かれるんですね。「なんで1は素数じゃないんだー!」って。

先ほどの数学の祭典「MATH POWER」で、「なぜ1は素数ではないのか」をテーマに話したことがあります。参加者たちが「なんで1を素数にしないんだ!」「別にいいじゃん、素数に入れても」みたいなことをワイワイ言うから、「1を素数にしてもいいけど、おまえらそんな根性あんのか」「そんなことしたら大変なことになるぞ」と。

数学というのはいろいろなところに整合性が響いてくる学問なので、ルールを1ついじっただけで、影響が多方面に波及していくわけですよ。みんなが気づかないところで例外処理をたくさんしなければならなくなる。教科書も全面的な書き換えが必要になりますよね。「これもこうなりますよ、あれもこうなりますよ」「あなたたちが全部処理してくれるんですか？」「いかがですか、僕だったら絶対しませんよ」と、こんこんと説いたのです。

素数階段を上がってみよう

自然数を1から数えて、素数だけに丸をつけてみると（次頁、図5−1）……まず、最初の素数は2ですね。次は3、5、7、11、13、17、19、23、29、31、37、41、43、47、53、59、61、67、71、73、79、83、89、97……という順で、100までには素数は25個が出現します。続いて101から200までには21個が現れます。規則的に出現するわけではなく、前の素数から次の素数まで、間隔が長いところもあれば、突然

図 5–1

1	2	3	4	5	6	7	8	9	10
11	12	13	14	15	16	17	18	19	20
21	22	23	24	25	26	27	28	29	30
31	32	33	34	35	36	37	38	39	40
41	42	43	44	45	46	47	48	49	50
51	52	53	54	55	56	57	58	59	60
61	62	63	64	65	66	67	68	69	70
71	72	73	74	75	76	77	78	79	80
81	82	83	84	85	86	87	88	89	90
91	92	93	94	95	96	97	98	99	100
101	102	103	104	105	106	107	108	109	110
111	112	113	114	115	116	117	118	119	120
121	122	123	124	125	126	127	128	129	130
131	132	133	134	135	136	137	138	139	140
141	142	143	144	145	146	147	148	149	150
151	152	153	154	155	156	157	158	159	160
161	162	163	164	165	166	167	168	169	170
171	172	173	174	175	176	177	178	179	180
181	182	183	184	185	186	187	188	189	190
191	192	193	194	195	196	197	198	199	200

短くなったりもする。素数が現れるタイミングは、すごーく気まぐれに見えます。

素数の出現の仕方を視覚的に把握するためには、「素数階段」なるものを確認すると分かりやすいですよ（次頁、図5－2）。自然数を1から数えるごとに右に進んでいきますが、素数が出現するごとに階段を1段上がることにします。最初の「1」は0段からスタート。次の「2」は素数ですから1段上がります。「3」も素数なのでまた1段上がりますが、「4」は素数じゃないのでパス。「5」は素数なので1段上がる……この作業を続けていきます。

つまり、段数はその時点までに出現した素数の個数を表すことになるんですね。「11」は5段目だからそれまでの素数は5個、「29」は10段目だからそれまでの素数は10個になります。「素数階段」は、横軸が「自然数」、縦軸が「現れた素数の個数」を表すグラフになるとも言えますね。

問題は、そのグラフがどういうグラフに見えるかということです。グラフのラインは一見ガタガタではありますが、どんどん遠目に引いていくと、だんだんと線が滑らかに上がっていっているように見えてきます。実はこのグラフは近似的な公式で表すことができる

図 5–2

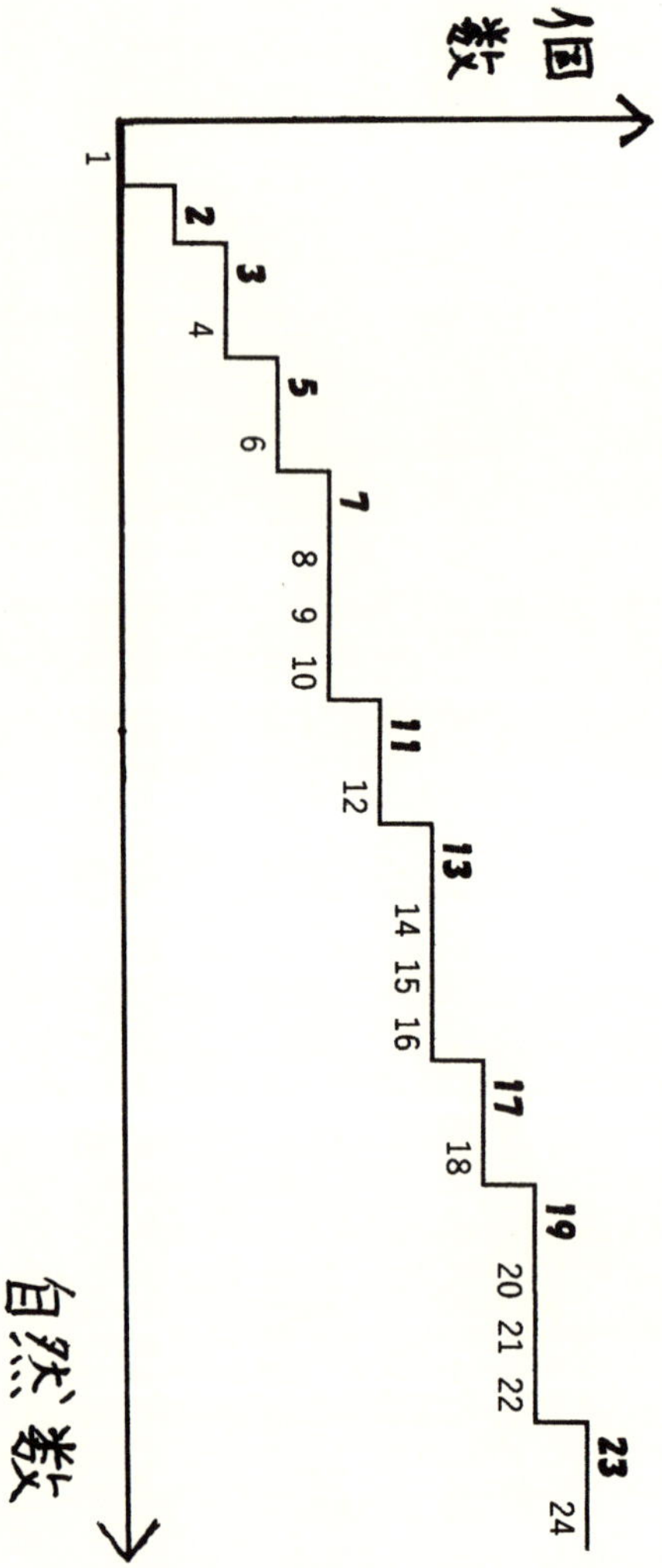

図 5–3

ガウスの素数定理

$\pi(x)$ を x より大きくない素数の個数とすると、

$x \to \infty$ に対し

$\pi(x) \to \dfrac{x}{\log x}$ と近似できる。

のです。発見したのは、ドイツの偉大な数学者・ガウスでした（ガウスの素数定理：図５－３）。

またガウスですか。かなり感じ悪い人だったけど、彼の功績って本当に大きいんですね。

めちゃくちゃすごくないですか？　素数が現れるタイミングはすごく気まぐれで、バラバラであるように見えるのに、実はちゃんと統制がとれているということを、世界で初めて数式にして表したんですよ。ガウスの素数定理が示すのはあくまでも近似であり、x が小さい自然数の場合は誤差が大きいのですが、それでも素数の現れ方は一応統制がとれているということを、１７９２年に15歳という年齢で予想したんですね。

この定理をド・ラ・ヴァレ・プーサンとジャック・

アダマールというベルギーとフランスの二人の数学者がそれぞれ証明したのは、それから100年以上が経った1896年のことでした。

素数は無限に存在する

数が大きくなるほど素数はどんどん減っていくんだろうなという感覚があります。2、3、5、7、11……と、数を割るための部品（素因数）はどんどん増えていくわけじゃないですか。だから、ある時点から上の自然数は全て、それまでに出た数によって割り切れてしまうのではないかと。

素数の出るチャンスはどんどん少なくなりますよね。しかし、素数は無限に存在するんですよ。これは古代ギリシャでもすでになされていた議論ですが、彼らは「素数が無限にある」とは言わず、「どんなに大きな素数よりも、さらに大きな素数が必ずある」という言い方をしていました。古代ギリシャ人は「無限」という概念について明言したがらなかったので、こういう言い方をしたんですね。

素数が無限個ある証明に入る前に、下準備をしておきましょう（次頁、図5－4）。自然数の約数になる数のうち、素数であるもののことを「素因数」といいますが、まずは「2以上のいかなる自然数も、少なくとも1つの素因数をもつ」ことを押さえておく必要があります。なんでもいいから自然数Nがあるとしましょう。その自然数Nがもし素数であれば、1と自身の数（N）で割り切れます。

では、Nが素数でない場合はどうか。Nは、1でもNでもない数2つを掛け合わせた「合成数」になるわけです。これを$N_1 \times N_1'$とすると、N_1はNの約数なのだから、1よりも大きくてNよりも小さいことになります。

次にN_1に注目しましょう。N_1が素数であれば、N_1はNの約数でありかつ素数である、つまりNの素因数である。よって、ここで証明は終わりになります。N_1が素数でないとすると、先ほどと同じようにN_1を$N_2 \times N_2'$に分解してみる。N_2はN_1の約数だから、1よりも大きく、N_1よりも小さいということになりますね。N_2はN_1の約数で、N_1はNの約数だから、N_2はNの約数です。もし、N_2が素数ならN_2はNの素因数ということになるので、ここで証明は終わりです。N_2が素数じゃないなら、またN_2を$N_3 \times N_3'$と分解して……というのをずっと

図 5–4

@ いかなる自然数 $N \geqq 2$ も少なくとも1つの素因数をもつ

$N = N_1 \cdot N_1'$　$1 < N_1 < N$

↓

$N_2 \cdot N_2'$　$1 < N_2 < N_1$

↓

$N_3 \cdot N_3'$　$1 < N_3 < N_2$

$N > N_1 > N_2 > N_3 > \cdots\cdots > 1$

↑ 自然数の無限降下列は存在しないのでどこかで止まる！

繰り返していきます。

さて、ここからは直感を働かせる必要があります。１とＮの間に自然数は何個入ることになるでしょうか。例えばＮが１万だったら、１からＮの間には、たかだか９９９８個しか自然数が入らないわけですね。Ｎが10万であっても、１億であっても、１兆であっても、１からＮの間に自然数が無限に入ることはできない。つまり、どこかでこの操作は止まる必要がありますよね。というわけで、証明終了です。

つまり、「１と自分自身以外の約数をもたない」という素数の定義を否定的に使ったわけです。もしＮが素数ではないなら、１でもＮでもない約数が存在する。N_1が素数ではないなら、１でもN_1でもない約数N_2が存在する……という繰り返しが起こる。一方で、その自然数の無限降下列は存在しない。これを無限降下法といいます。自然数をどんどん降下していったら、どこかで止まらなければいけない。どこかで止まるということは、どこかでＮの素因数が得られているということです。

こう言ってはなんですが……今証明したのって当たり前のことですよね。

でしょ？　2以上のどんな自然数も、少なくとも1つの素因数をもつというのは、おそらく中学生でもわかる議論だと思います。でも、証明しろと言われたらけっこう大変なんですよ。

いよいよ素数が無限個あることの証明ですが、背理法という証明技術を使います。念のために背理法を説明しておくと、証明したい命題をまず否定しておく、そこからいろいろな論理を重ねていくと突然矛盾が起こる、つまり最初の「否定」が間違っていたということがわかる——こういう証明の仕方です。

ですから、素数が無限に存在することを証明するために、まず「素数は有限個しかない」と仮定します（図5−5）。有限個しかないということは、原理的には有限のリストで、素数を全部書き出せるということですよね。それはとてつもなく巨大なリストかもしれませんが、とにかく原理的には可能なわけです。つまり、P_1、P_2、P_3……というように全素数のリストを作ることができる。このリストができたら、全ての数をかけあわせましょう。自然数を有限個かけあわせた結果だから、これも自然数であるはずです。ここに1を足してみるとどうなるか。1は自然数だから、これも自然数であることには変わりはありませんね。こうして得られた自然数をNとしましょう。

図 5–5

① いかなる自然数 $N \geqq 2$ も
少なくとも1つの素因数をもつ.

② 素数は無限に存在する.

→ 背理法

素数は有限個しか
存在しないと仮定すると…

$P_1, P_2, P_3, P_4, P_5 \cdots\cdots P_n$

と、全て書き出すことができる

↓ これらを全てかけ算すると

$P_1 P_2 P_3 P_4 \cdots\cdots\cdots P_n$　自然数である
ことは変わらない

↓ ここに1を足すと

$N = P_1 P_2 P_3 P_4 \cdots\cdots P_n + 1$

Nが自然数であることに変わりはないが、
どの素数でも割り切れない（必ず1余る）ので
①と矛盾する　→ 証明終わり

ところが、ここで矛盾が生じます。NはP_1、P_2、P_3……のどの素数で割ろうとしても1が余ってしまう。つまり割り切ることができない数になってしまうのです。これでは「2以上のいかなる自然数も、少なくとも1つの素因数をもつ」という前提に反することになる。以上から、「素数は有限個しかない」との仮定が間違っていることがわかり、「素数は無限にある」ことが証明できるのです。

新しい素数の作り方

あれ？　じゃあ素数をかけ算していって、そこに1を足せば、無限に素数を生み出せるということでしょうか。

そうとも限らないんですよ。実際に計算してみましょう。一番小さい2、3で試してみると、2×3＋1は7だから素数になります。このように順番に素数をかけて1を足していきます。2×3×5＋1は31ですから、これも素数です。2×3×5×7＋1は211

となって、これも素数となります。次の2×3×5×7×11＋1は２３１１となり、これも素数。ところが、その次の２×３×５×７×11×13＋１は３００３１ですが、59で割り切れますから素数ではありません。

素数はそう簡単には作れないんですよ。だからこそ、みんな素数に魅了されて、必死になって作りたくなっちゃうんですよね。世界最大の素数を求めるための「ＧＩＭＰＳ（Great Internet Mersenne Prime Search）」という研究会もあるんですよ。

「メルセンヌ素数を探す研究会」ですか？　そもそも、メルセンヌ素数って？

メルセンヌ素数というのは、マラン・メルセンヌ（１５８８〜１６４８）という17世紀に活躍したフランスの神父さんに由来しています。彼は神に仕える身であると同時に、数学にも仕えていました。

メルセンヌは１６４４年、２の累乗から1を引くと素数になることがあると気づきました。そして「2^n－１が素数になるのは、nが２５７以下の場合だと、２、３、５、７、13、17、19、31、67、１２７、２５７だけである」と予想したのです。「2^n－１」をメルセンヌ数といい、これが素数であるときにはメルセンヌ素数といいます。ただし、メルセンヌの予想は後々になって、間違いであったことが分かります。nが67、257の場合は、実は素数ではありませんでした。また、nが257より大きい場合でも、素数になる例がいくつも見つかっています。

20世紀以降も様々な数学者によって研究は続き、現在発見されているメルセンヌ素数は合計で52個となります。2024年に発見された52個目のメルセンヌ素数は2を136279841乗したものから1を引いた数で、その桁数は4102万4320桁という大きさです。

ひゃー。やっぱり、自然数を累乗して、そこからちょっとずらすのが、素数を見つけるためには一番効果的な方法なんでしょうか。

そうそう。ちょっと異なる方法として、フェルマー素数と呼ばれるものもあります。フェルマーの最終定理で知られるフランスの数学者、ピエール・ド・フェルマー（1607〜1665）はメルセンヌと同じ時期に活躍しましたが、彼は裁判官でもありました。

2^{2^n}＋１の形の整数をフェルマー数と呼び、それが素数になるときはフェルマー素数と言います。しかし、この方法では素数は３、５、17、２５７、６５５３７の５つしか発見されていません。残念ながら、フェルマー素数のほうはメルセンヌ素数と比べてかなり調子が悪いんですよ。もし、新しいフェルマー素数を発見したら世界的な有名人になれるでしょうね。

一方で、フェルマー素数には不思議な力が宿っています。中学校で、目盛りのない定規とコンパスで正三角形を作る方法を学びましたよね。実はこの方法で、正五角形、正十七角形、正２５７角形、正６５５３７角形も作図することができる。目盛りのない定規とコンパスだけで作図ができる正素数角形は、フェルマー素数の正多角形だけなんです。このことに最初に気がついたのは、この本では今やお馴染みとなったガウスでした。

ガウスがどうやって証明したのかは……多分聞かないほうがいいですね。

是非とも聞いてほしいのですが（笑）、長くなるのでやめておきましょう。

ちなみに「MATH POWER」では、この正６５５３７角形を実際に描いてみようという、とんでもないことを考えた若者たちがいました。本当に紙に描こうと考えたらしいんですよ。でも、たとえ図を直径1センチにするにしても、補助作図に必要な紙の面積は、東京ドームの面積を超えてしまうのです。

ナスカの地上絵レベルだ（笑）。

……という世にも恐ろしいことが判明して、若者たちは「じゃあ、コンピュータ上でやってみよう」と切り替えました。まず、正65537角形の1辺を底辺とした細長い三角形の作図から始めたのですが、31時間ぶっ通しで作業をしても完成しなかった。コンピュータでやるといっても、何千ステップもの入力を手作業でおこなう必要があったからです。というわけで、彼らの努力は報われず玉砕しました。

メルセンヌ素数と完全数の素晴らしき関係

メルセンヌ素数の話に戻りましょう。この素数がもう一つ面白いのは、「完全数（perfect number）」という概念と密接にかかわっているところです。完全数とは、自分自身以外の正の約数をすべて足すと、自分自身に一致する数のことです。例えば、6の約数から6を除いて、1、2、3を足すと合計が6になりますね。28も28を除いた約数、1、2、4、7、14を足すと合計が28になりますから、完全数です。

それは気持ちいい、というか、もはや美しいですね。

メルセンヌ素数と完全数には極めて驚くべき関係があります。現在発見されている偶数の完全数は52個あるのですが、52個って聞き覚えがありませんか？　メルセンヌ素数の数ですね。つまり、偶数の完全数はすべてメルセンヌ素数から作られる数なのです。これについては、第4章で出てきたオイラーが18世紀に証明しました。

ちなみに、奇数の完全数はまだ発見されていません。あるかもしれないし、ないかもしれない。あるかないかの証明がなされていないので、この問題は未解決のままなのです。私の妻などは「それって解決する必要あるの？」と言ってますけど。

メルセンヌ素数というのは、本当にいろいろと興味の尽きない対象です。素数をたくさん見つけようということには、実は数学者はあまり興味がない。素数がどういう頻度で、どういうパターンで現れるかということに興味津々なんです。

自然界との不思議なつながり

数学者たちはみんな、素数の気まぐれさを解明したいのですね。

その通り。素数の出現パターンには、なんらかの〝神秘的な規則性〟があるはずだという信念をもっているのです。

神秘となると、オイラーが発見した公式についても触れておいたほうがいいでしょう。この発見は、素数愛好家の人生を大変意義のあるものにしたと思うんですよね。

公式を見てみましょう（図5−6）。「Π（大文字のパイ）」は高校数学では扱わないかもしれませんが、総乗（積）を表す記号です。つまり、p^2を（p^2-1）で割った式を、全部

図5–6

$$\prod_{p:\text{素数}} \frac{p^2}{p^2-1} = \frac{2^2}{2^2-1} \times \frac{3^2}{3^2-1} \times \frac{5^2}{5^2-1} \times \frac{7^2}{7^2-1} \cdots\cdots$$

$$= \frac{\pi^2}{6}$$

かけ算しろと言っているわけです。で、「p」は素数（prime number）のことなので、最初から順番に2、3、5、7……を入れて計算していく。素数は無限に存在するから、これは無限個の分数のかけ算になりますね。すごく気まぐれに見えるのですが、最後は驚くほどきれいな式に収束してしまうのですよ。円周率「π」の2乗を6で割ったものになるんです。

えっ、なんで円周率が……？

ちょっと不思議な式ですよね。これを証明するためには、三角関数を使って曲芸のような計算をする必要があるのですが。オイラーがこの式を発見したとき、みんながびっくりしたのは、素数というのはまったく出現パターンがないようで、それが集まると自然界に関係してくるということでした。

話を進めると、オイラーはゼータ関数（次頁、図5－7）の値

図 5–7

$$\zeta(s) = 1 + \frac{1}{2^s} + \frac{1}{3^s} + \frac{1}{4^s} + \frac{1}{5^s} + \cdots$$

についても研究していました。もうね、初心者には理解できないでしょうから詳細は割愛しますが、この式における「s」は変数だということだけ覚えてください。このゼータ関数には「オイラー積表示」という書き方があって、特に$s=2$のときは図5−6の無限積に等しくなります。つまり、ゼータ関数のsに2を入れると、やはり$\pi^2/6$が現れるんですよ。後にドイツの数学者ベルンハルト・リーマン（1826〜1866）は、ゼータ関数について深く研究し、とくにその値が0になるようなsの値について、ある予想をしました。これはリーマン予想といわれ、この予想が証明できれば素数がどのように分布しているかがわかるといいますが、まだ誰にも解明されていません。解けた人には100万ドルの賞金が与えられると言われています。

　さらに、ゼータ関数は今から約50年前、不思議な展開を見せました。アメリカの数学者であるヒュー・モンゴメリー（1944〜）と物理学者のフリーマン・ダイソン（1923〜2020）が、プリンストン高等研究所でたまたま一緒にお茶を飲んでいたところ、ゼータ関数のゼロ点の間隔と、ウランの原子核分裂の間隔が似ていることに気がついたのです。偶然の一致とは思えないほど、そっくりなのです。つまり、素数と原子核は根底でつながっているのではないかと。やはり素数は、宇宙や自然の神秘と関係しているように感じますよね。

金融取引の鍵に

素数の不思議な魅力についてよくわかりました。で、ある数が素数か否かを正確に判断するには、結局、ちまちまと割り算をしていくしかないんですか。

いい質問ですね。基本的には根気強くやるしかないです。ただ、ある程度、作業のコストを軽減させることはできますよ。例えば、97が素数かどうかを判定するために、97までの自然数すべてで割り算を試していく必要はない。$\sqrt{97}$以下の素数で判定すればいいからです。$\sqrt{97}$は9より大きく10より小さいわけだから、素数の2、3、5、7で割り切れないというところまで判定できれば、素数だということがわかります。

確かに。でも、数があまりにも大きいと意味をなさない方法ですね。

その場合はコンピュータで計算するしかない。ただし、限界はあります。何十桁レベルの大きな素数を2つかけ算して、とてつもなく大きな数をつくるとする。その数を素因数分解してくださいというのは、現在のコンピュータでも下手すれば何万年もかかってしまいます。

実は、この計算困難性というものを利用しているのが、公開鍵暗号システムなんです。私たちは日々、クレジットカードで決済をしたり、銀行の振込取引をしたりしていますよね。あの取引はすべて暗号化されていますが、150桁を超えるような素数をかけあわせた数が鍵として使用されているのです。

ということは、巨大な数の素因数分解を数分程度でできるような技術が誕生してしまったら、情報セキュリティは一気に崩れ、世界中の金融は大混乱に陥ります。

最近、量子コンピュータが非常に注目されていますよね。実は、量子コンピュータのシステムによって、素因数分解を速くおこなうアルゴリズムが発見されてしまっているのです。「ショアのアルゴリズム」と呼ばれていますが、もしそれが実用化されてしまったら、世界の金融取引はすべて現金に戻るしかなくなる。情報通信企業は目下、耐量子暗号という、量子コンピュータになってもセキュリティが保たれる暗号の開発に必死になって取り組んでいるところです。

素数の神秘を解き明かしてしまうと、神秘で成り立っていた世界がガラガラと崩れてしまうのですね……。

第6章

無限って必要ですか？

平行線に無限が潜んでいた

第5章の素数が無限に存在することの証明の過程でも出てきましたが、数学ではしばしば「無限」という言葉を使いますよね。でも、無限について考えるのって無駄じゃないですか？「どこまで行っても終わりがない」、ただそれだけですよね。なんだか数学者たちの気持ちを収めるための概念のような気がします。

それはちょっと言い過ぎではないですか？

そんな真顔で怒らなくても。

でも……いいでしょう。今の言葉に多少の言い訳というか、反論をしてみたいと思います。あなたは「はじめに」で、補助線を引いて図形問題を解くことが好きだったとおっしゃっていましたよね。では、「平行線」の概念をどう説明しますか？

どこまで行っても交わらない2本の直線です。

私もそう定義するしかないと思います。では、与えられた2本の線がどこまで行っても交わらない、それとも交わるのかは、どうやって判定しますか？

うーん……。

2本の直線が平行でないことが分かっているのであれば、単純にその2本の直線をどこかで交わるまで延ばしていけばいい。交点に到達するのに、どのぐらい時間がかかるのか、どのぐらいの距離が必要なのかは分かりませんが、それでも有限の時間・距離で済む話です。しかし、平行か平行でないかが分からない状態で、直線を延ばしていってなかなか交わらなかったら、「これ、どうすんのよ。いつまで続ける？」となりません？

このように、平行という幾何の基礎的なところにも、「無限」が潜んでいるんです。私たちは中学校の数学で、図形のいろいろな定理についての作図をする際、平行線を使いまくっていましたよね。平行という概念を扱えなくなってしまうと、補助線も引けなくなってしまい、定理も証明できなくなります。例えば、三角形の内角の和が１８０度であるということすら証明できません。

直線というものはもともと無限の広がりを持っているものであって、私たちが判定できるかできないかにかかわらず、２本の直線がどこかで交わるか、それとも交わらないかということは、あらかじめ決まっていなければいけない。そうでなければ、私たちは数学の議論なんてできないことになってしまいます。

このように、「無限」がないと何も証明できないし、幾何学もできないし、幾何学を使ったさまざまなテクノロジーもおそらく生まれない。無限的な議論を避けて、私たちの手で実際にできることしかやらないということにした途端に、数学はものすごく貧相なものになってしまうんですね。

「可能無限」と「実無限」

「無限」には「可能無限」と「実無限」の２種類があります。

例えばですが、１本の直線をどこまでも延ばしていける、というのは可能無限です。線を延ばしていっている途中は有限なんです。その瞬間、瞬間は有限だけれど、いつまでも止まることなく延ばしていける。無限に延ばすことが可能であるという意味で、可能無限という名前がついています。

一方の実無限というのは、最初から無限の長さを持った直線というものがあると主張することです。

まだハッキリと捉えられていない感じがします……。

私たちは普段、可能無限と実無限の区別については、けっこうあやふやというか、ウヤムヤにしてしまっていますからね。先ほどの２本の平行線の議論では、「どこまで行っても交わらない」と言っていたので可能無限に思えるでしょ？　でも、あれは実無限の考え方なんですね。２本の線が平行であることを理論的に判定できる環境を作ろうとすると、どうしても「最初から無限に広がっている直線」という概念が必要になってくるからです。

図 6–1

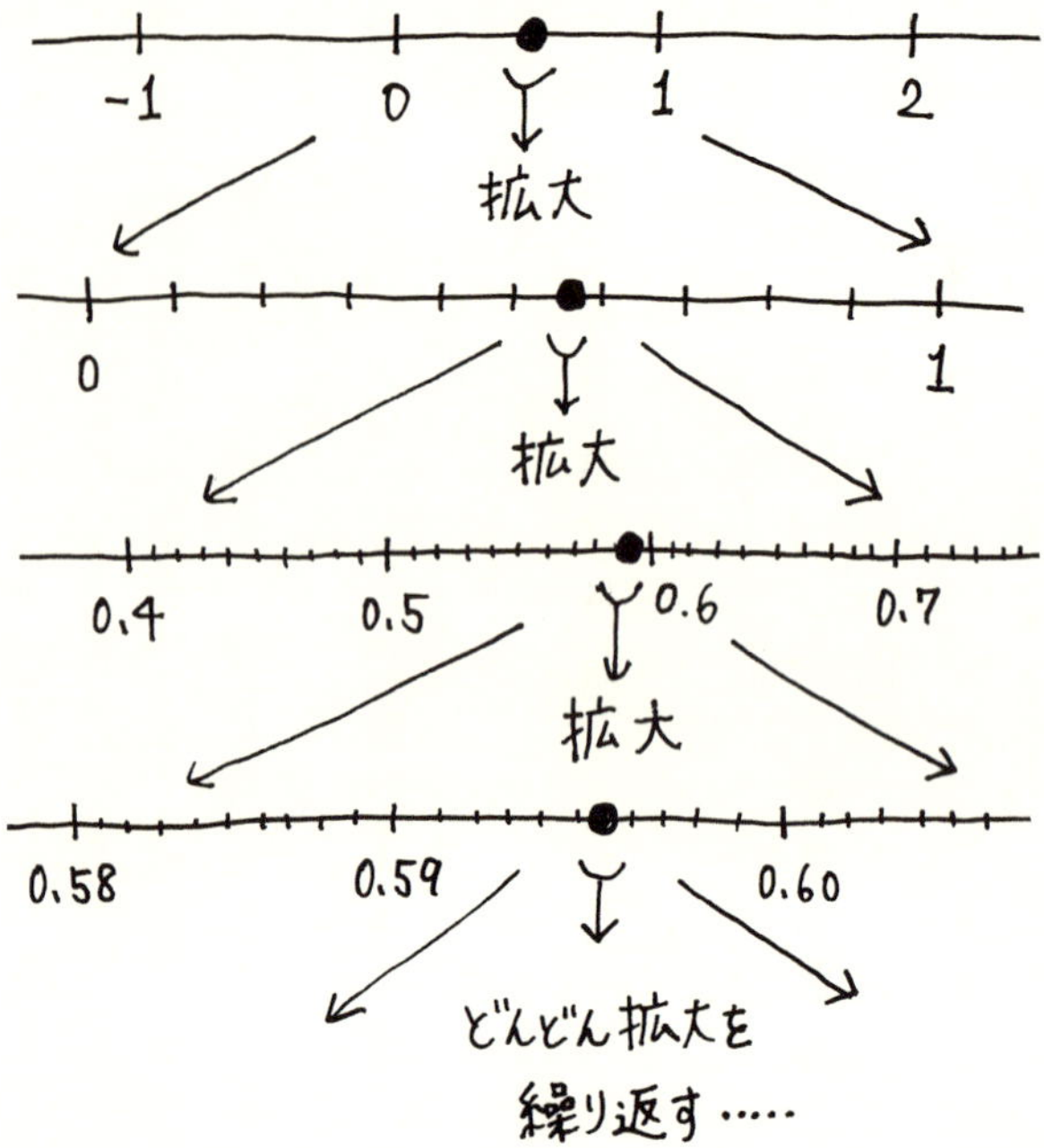

「実数」という概念も「無限」の捉え方の一つだと思います。数直線上の1点という実数を、どのように捉えるのかについて考えてみましょう。

例えば、ある実数が数直線上で与えられていて、それが0と1の間にあるとします（図6–1）。1の位が0であることは確定していますが、小数点以下の数字がわからない。小数点以下を知るためには、0と1の間を拡大して10等分します。すると点が0・5と0・6の間にあるので、小数第1位は5であることがわかる。小数第2位を知るためには、0・5と0・6の間をまた拡大して10等分する。すると点が0・59と0・60の間にあることが分かって……と続いていく。この作業は何度でも繰り返すことができるので、「可能無限」なんです。ただし、作業の途中の段階を瞬間瞬間で切り取ると、そのすべては有限であると言えます。

一方で「実無限」の場合は、この実数を「0・59」なんだと言い切ってしまうのです。つまり、あとは無限に「0」が続いて「0・590000……」なんだと。私たちに見えているのは、実数を表すぼやけた点でしかない。拡大作業を何回も繰り返して解像度を上げていこうとしても、点はぼやけたままで、ピンポイントで表示できない。「0・59」は近似でしかないかもしれないんだけど、実はぴったり「そういう実数なんだ」と、ある種の理想というか信念をもって言い切ってしまうのです。

おお、区別がつくようになりました！

せっかくなので、他の話も紹介しておきましょう。

例えば、私がビールを何杯飲んでも、もう1杯ビールを飲むことができるとしますね。ビールはどんどん出てくるけど、私もどんどん飲めてしまう。では、はたして「私は無限杯のビールが飲めるのか?」というのが問題です。

私はいつまで経ってもビールを飲んでいるように見えるけど、その瞬間瞬間を切り取ると、いつまで経っても有限杯しか飲んでいないことになる。だけど、「あなたは無限杯飲めるのか?」と聞かれたら、「無限に飲み続けることができるんだから、そりゃ無限に飲めるんでしょう」と答えることができる。これが可能無限と実無限の違いです。実無限とは、「自分は本当に無限杯のビールを飲むことができるんだ」と言い張ることなんです。私はこれを勝手に「無限ビール公理」と名付けていますが。

ちょっと前におかずのレシピで「無限ピーマン」っていうのが流行りましたね。美味しすぎてお箸が止まらないんだとか。あれも実無限的かもしれませんね。

そもそもですが、「可能無限」と「実無限」をちゃんと定義して区別したのは、いつの時代の人なんですか。

２つの区別を初めてきちんとスペルアウトしたのは、古代ギリシャの哲学者・アリストテレス（前３８４～前３２２）でした。

アリストテレス自身は、「実無限」は存在しないと考えた人なんです。第３章で触れたとおり、古代ギリシャ人の数学は、現実を取るか、論理を取るかといえば、迷わず論理のほうを取る。論理で説明できないものは存在しないことにしてしまった。無限小や無限大という考え方を極力排除したので、微分積分学を発見することはできなかったのです。この辺は数学史のちょっとした皮肉ですよね。

「実無限」の考え方があったから、数学は大きく発展できたとも言えますね。

そうですね。「実無限」を完全に排除して、どれくらい豊かな数学ができるだろうと考えてみると、かなり貧困なものにしかならないんじゃないかと思います。人間は有限の生き物だから、無限の先にまで到達することはできない。平行を本当にちゃんと扱うためには、神様になるしかないのです。それが「実無限」によって、扱う〝ふり〟ができるようになっている。分からないからウヤムヤにしてこそ、かえって上手くいくことがあるんです。

境界にこだわる人——たとえば三笘の1ミリ

「私たちに見えているのは、実数を表すぼやけた点でしかない」という言葉で思い出しました。小学校の頃、算数の教科書に描かれた直線上の点がすごく嫌いだったんですよ。例えば5センチの直線が描かれていて、それを2センチと3センチに分ける点が打たれていたとする。その点がけっこう大きくて、なんだかすごくモヤモヤしてたんです。2センチと3センチの境界を、こんなに大きな点で本当にハッキリと示せているのかなって。それでも自分の中に落とし込んだのは、これも実無限のおかげだったんですね。

うん、そういう感覚はけっこう実無限に近いですね。ウヤムヤにしてしまうことで、物事が上手く成り立っている。

あ！　もしかして「三笘の1ミリ（註）」も、けっこう似た話じゃないですか？

（註）２０２２年のＦＩＦＡワールドカップ・カタール大会の１次リーグ日本vs.スペイン戦で、日本代表の三笘薫がラインを出たか残ったかという微妙な位置でボールを拾い、逆転ゴールにつなげた。ラインに残っていたのはわずか１・８８ミリだったという説も。

確かに。あの時はＶＡＲ（ビデオアシスタントレフェリー）判定でインしていることが分かったからよかったけれど、ＶＡＲでも判断できない場合はどうしていたんでしょうね。徹底的に突き詰めていこうとすると、１マイクロメートル、１ナノメートルまで画像を拡大していく必要があるかもしれません。

日常生活だとどうでしょうか。例えば、物と物との境界にこだわる人っていますよね。つるつるした大理石の境界は、どんなに拡大してもつるつるしているのか？　ふと、そんな考えに囚われたとします。大理石を拡大していくとだんだん素粒子が見えてきて、その素粒子と素粒子の間にはすき間があって核結合力が働いているとか、しかもそこには電子の雲があってと考えていくと……。

頭が爆発しそうです。

最終的には「大理石は物なのか？」「そもそも物ってなんだ？」という根本的な問題まで行きついてしまいますね。

でも私たちは普段、物と物の境界がどこにあるのかなんて意識していない。地下鉄に乗って手すりにつかまるとき、「この手すりを拡大していくと……」などとは考えず、手すりが連続的な境界を持っているものだと認識するからこそ、この世界はちゃんと成り立っているのです。

あなたは可能無限タイプ？　それとも実無限タイプ？

数学のイメージが覆って面白いですね。哲学的でもあるし、文学的でもある。ただ、

ここまで話を聞いていると、「実無限」が非常に強力な思考の道具であって、「可能無限」は要らないもののように思えてきます。

可能無限というのは、どちらかというと手順的な無限なんですよ。だから実体がなくてもいい。でも、実無限というのは実在論なわけです。

ちょっと趣向を変えてみましょう。$1+\frac{1}{2}+\frac{1}{4}+\frac{1}{8}+\frac{1}{16}$……と、1に$\frac{1}{2}$の分母を冪乗《べきじょう》したものをどんどん足していくと、その合計は2になるんです（次頁、図6-2）。これを図で表してみると、正方形にその2分の1の面積を足し、足した部分の2分の1の面積を足し、また足した部分の2分の1の面積を足し……ということをずっと繰り返していくことになる。言ってみれば、手順的な無限（可能無限）がここにあるわけですよね。

一方で、「2」というその実無限的な答えもちゃんと存在している。「2」という答えが存在するかしないかの曖昧さはどこにあるかというと、無限にこうやって絵を描き続けることができるかというところです。描けっこありませんよね。ここが、実無限があるかないかの境目なんです。

図 6–2

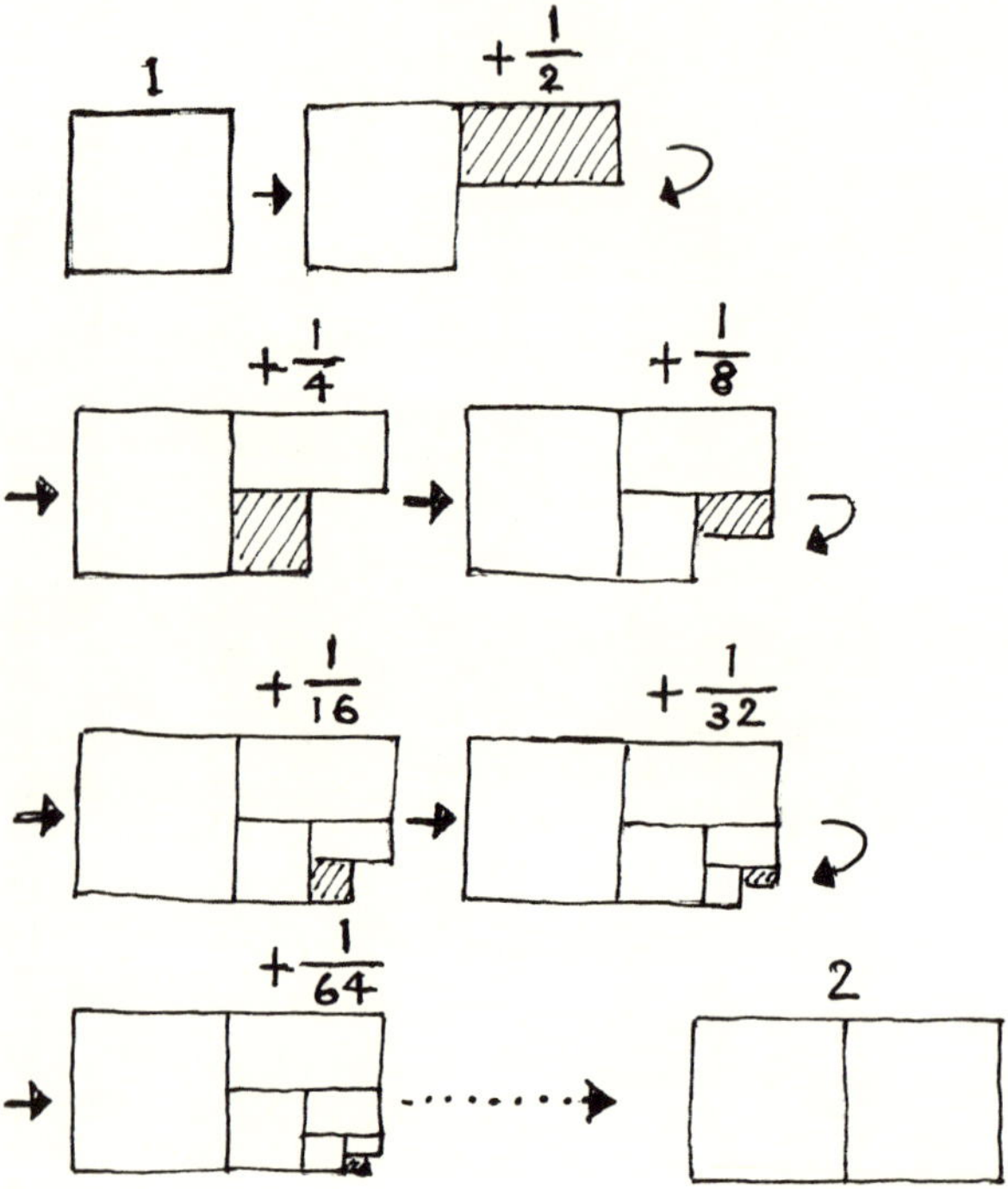

なるほど。ふと思ったんですけど、可能無限的なことを言う人っていますよね。「いや、そんなこと気にしてたらキリがなくない？」ってところを突き詰めようとして、仕事がまったく前に進まないことってあるじゃないですか。一方で実無限的な人は、「なんか多分こういう感じになる気がするから、とりあえずやってみよう」とすぐに着手するような……そう考えると実無限的な人のほうがやりやすくないですか？

おっ、ちょっと聞きたい、それ。

でも、そういう人は多分ね、会社のバジェットも実無限だと思っちゃってるかもしれませんね。「あ、どんどん使って」「大丈夫だよ」みたいな感じで、マイナスの方向でも無限に行って大変なことになるかもよ。

確かに、人間は可能無限タイプと実無限タイプに分かれるかもしれませんね。「あなたは可能無限タイプ？　それとも実無限タイプ？」って。

第7章

abc予想という頂

かけ算は足し算よりはるかに簡単

「無限」なんて何の役に立つのかと思っていましたが、人間の認知や考え方のクセが表れていて一気に引き込まれました。ますます数学が面白くなってきたような気がします。

ではその勢いで、いよいよａｂｃ予想について語りますよ。

ひゃー、突然すぎませんか。でも、加藤先生が２０１９年に出されてベストセラーになった『宇宙と宇宙をつなぐ数学　ＩＵＴ理論の衝撃』って、ａｂｃ予想の証明にかかわる内容の本でしたよね。なんとなく気になる存在ではありました。

まずは簡単な話から入っていきましょう。自然数といわれるものがありますね。0より大きな、つまり1から始まる正の整数です。その自然数には、足し算とかけ算という2つの演算があります。数学というものは、この2つの演算だけで基礎が組み立てられているんです。考えてみると不思議なものですよね。

足し算はものすごく基本的な演算ですが、かけ算はどのようにして成り立っているのかを考えてみたいと思います。例えば2×3。これを「2を3回足したもの」という風に学校では習いますよね。もちろん、「3を2回」でもいいのですが。で、この場合、「2」を単に自然数の2とすると、「3」は2を3回足し算するという回数を表しています。つまり、どちらかの数は「抽象的な数」であり、もう一方は「回数」なんです。かけ算は、自然数がもっている二面性を巧みに使っているんですね。もしこれが自然数でなければ、「回数」は表せませんよね。$\frac{1}{3}$回足し算をするとか、$\sqrt{2}$回足し算をするとか、意味が分からないじゃないですか。そうは言っても人間は、回数に対する考え方を少しずつ一般化させていき、自然数ではない回数まで拡張していくわけですが。

話をもとに戻しましょう。こうした前提を踏まえたうえで、2つの演算を比べてみると「足し算に比べて、かけ算のほうがはるかに簡単」なんです。

えーーっ。

予想通りの反応をしましたね。小学校で最初に教わるのは足し算だし、かけ算は足し算を基礎にして作られているわけだから、足し算のほうがより基本的であるように思えるのですが、数学的な視点から見た場合、足し算のほうが難しいんですよ。それはもう取りつく島もないくらい。

かけ算というのは実によくできた構造をしているんです。例えば、57という数を考えてみましょう。57はかけ算的に見ると3×19です。この「3」と「19」というのは?

どちらも素数です。

その通り。57という数が組成として持っている素数を考えると、「3」の成分が1個、「19」の成分が1個だけあるということですね。

物質を分離・精製するクロマトグラフィーやガスクロマトグラフィーをご存じですか?様々な物質が混ざった混合物を成分ごとに分離・精製する手法のことを言います。液体や気体に毒物が含まれているか、もしくは悪い成分だけでなく、栄養素がどのぐらい含まれているかとかを調べたいとき、その物質を検査にかけます。分離された成分の結果は、ピョンピョンと尖った山のような形で表示されます。その山の位置と高さに応じて、物質の組成がわかるというものです。

「57」もクロマトグラフィーのような手法で成分を分離してみるとしましょう（次頁、図7－1）。検出器にかけた結果を見てみると、横軸には2、3、5、7、11……と素数が並んでいて、縦軸にはその素数が現れる回数を示す目盛りがある。「3」と「19」のスポットにそれぞれ1個ずつ、高さ1の山がピッと立ち上がっており、スペクトルが一目で分かります。かけ算っていうのは、こうした作業にすごく似ていると思うんですよね。

ここでちょっと視点をかえてみましょう。もしも自然数全体のなかで、この横軸にとられるスポットがたかだか有限個しかなかったらどうでしょう？　つまり、素数がたかだか有限個しか存在しなければ、もっと言えば、素数が１００個ぐらいしか存在しなければどうなるのか？　とてつもなく大きい数を検出器にかけると、スペクトルの高さはどんどん高くなって互いに見分けがつかなくなってきます。有限個しかスポットがないところに無限個の数を表そうとすると、どうしても数が大きくなっていくにつれて、スペクトルの現れ方は没個性化していくわけですね。

図 7–1

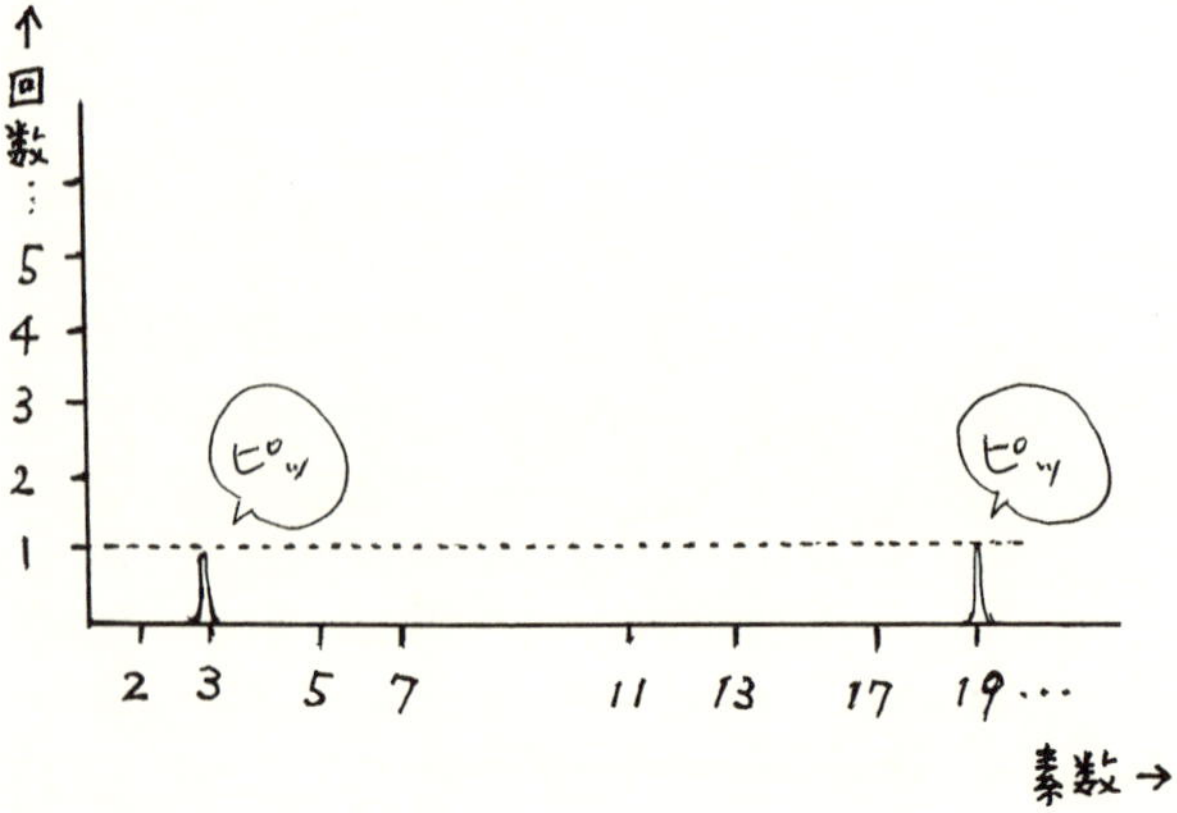

しかし、第5章でも触れたように素数は無限に存在するため、表現の幅が枯渇することはありません。例えば、横軸のかなり端っこのほうで山が1つしか立たないとか、隣り合う2つのスポットだけで山が立つとか……スペクトルの現れ方は無限に考えられる。かけ算構造においては、その数の特徴を表すアイテムが無限にあるということですね。

しかも、素因数分解は一意的です。2通りとか3通りの素因数分解を持つような数は存在しません。36を素因数分解すると、結果は$2^2 \times 3^2$しか存在しませんよね。そこに5や7が入る余地は全くないわけです。だから素因数分解というのは、その数にしかない、ユニークな特性というものをバチッと表しているわけです。

数学者は足し算がお嫌い

一方で、足し算にはその数の特徴を表すためのアイテムが1つしか存在しません。足し算的な考え方をすると、すべての数は1を繰り返し足し合わせることで作られていて、その繰り返しの回数でしか決まらない。かけ算的に見ると個性豊かだった数たちが、足し算的に見るとすべて同じになってしまうのです。

例えば、「1000」という数と「1001」という数を足し算的に見てみましょう（次頁、図7‑2）。スペクトルで表すと、「1000」は横軸の1のスポットに、1000の高さの山ができる。「1001」は横軸の1のスポットに、1001の高さの山ができることになります。これではほとんど区別がつかないですよね。

これをかけ算で見たら何が起こるか。「1000」を素因数分解すると$2^3 \times 5^3$だから、2と5のスポットにそれぞれ3回分の高さの山が立ちます。一方の「1001」を素因数

図 7–2

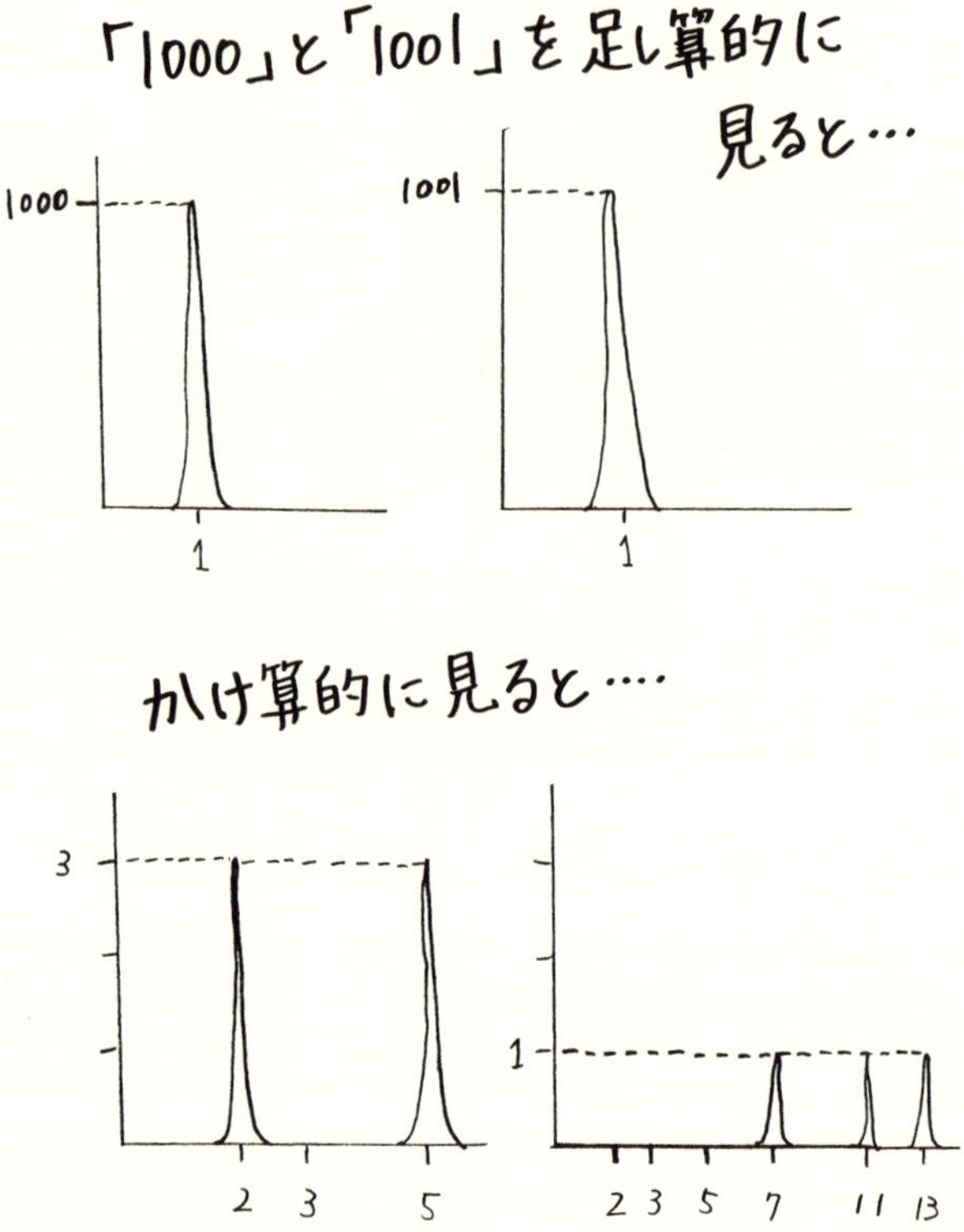

分解すると7×11×13ですから、7のスポット、11のスポット、13のスポットにそれぞれ1回分の高さの山が立つことになります。

わあ、足し算とかけ算で全然構造が違いますね。

やっぱり、かけ算的な見方をするほうが面白いんですよ。しかも「7」とか「13」とかが出たりすると、素数マニアにとっては「おお、いい素数が出るじゃん」みたいな、自分の推し素数が出てテンションが上がったりする。

このように、微妙な違いを上手に表してくれているかけ算に比べて、足し算はスポットが1個しかないために、それぞれの数の区別がつかない。数学的に見ると、その数の役割や特性、特徴をつかみ取るうえで、足し算というのは非常に使えないヤツなんですよね。

さらに、足し算は悪いヤツでね。かけ算の繊細な情報を、片っ端からぶっ壊しちゃうんですよ。例えば、ある素数の10乗とか100乗とか、1個の素数を冪乗した数はシングルスペクトルで、混じりけのないピュアな物質なわけです。2を何乗しても、その数は「2」性をとことん持っている。3を何乗しても、「3」性だけを持っているんです。

ところが、2の冪乗と3の冪乗を足し算するとどうなるか。例えば、$2^3+3^3=8+27$だから35ですね。35を素因数分解すると5×7ですから、途端に5という性質と7という性質のハイブリッドになってしまうわけです。足し算は、せっかくピュアできれいな珠玉の数だったものを、途端にものすごく汚い数にしてしまう、跡形もなくぶっ壊してしまうデストロイヤーなんですよ。

あはは。もしかして数学者はみんな、足し算が嫌いなんですか？

嫌なヤツ。ヤな感じ。だから、足し算のない国に行きたい。足し算は非常に扱いに困るわけです。何をしでかすかわからないから。

ということは、数学史上もっとも困難とされている予想には、大体足し算が入っているのでしょうか？

そうそう。足し算の気まぐれさみたいなものの究極を予想したものが、ゴールドバッハ予想です。プロイセン出身の数学者、クリスティアン・ゴールドバッハ（1690～1764）は、「2より大きいすべての偶数は2つの素数の和として表せる」と予想しました。素数と素数の足し算ですべての偶数が表せるということなんですが、証明はまだなされていません。

「足し算代表」と「かけ算代表」を比べる

数学者から見ると、かけ算というのは妖精のようなピュアな存在、足し算はすべてを破壊し尽くす悪の権化のようなイメージです。このかけ算と足し算、2つの演算の関係については分かっていないことが非常に多いのです。例えば、足し算はかけ算のピュアな構造をどれくらい壊すのか。あるいは、そうしたなかにあっても、足し算とかけ算はある種の連携を保つのか。2の冪乗と3の冪乗を足すと、どういう形の素因数分解が現れるのか――。

ところがabc予想は驚いたことに、これらの疑問に対してかなり精密な結果を予測してくれるんです。ようやく本題までたどり着きましたね。

（拍手）。

そもそもａｂｃ予想とは１９８５年に、イギリスの数学者デヴィッド・マッサー（１９４８〜）とフランスの数学者ジョゼフ・オェステルレ（１９５４〜）が提起した予想です。このａｂｃ予想にのっとれば、例えば２の冪乗と３の冪乗を足した数を素因数分解すると、少ない例外を除いて、素数はそれぞれ１回ずつしか現れないことが言えるのです。つまり、ある素数が２回以上現れるということはほとんどないということです。

ということは、２の高い冪＋３の高い冪の素因数分解のスペクトルはかなりフラットなものになりますね。実際に私も実験したことがあるのですが、それぞれの数を20乗、30乗くらいまでしたものを順に足し算して素因数分解していくと、例外はあるものの、スペクトルが見事にフラットになりました。

ここからは実際に式を見ていきたいと思いますが、その前に「根基」について押さえておきましょう。自然数 n を素因数分解し、そこに現れる素数の指数をすべて１にしたもの

図7–3

abc予想

$$a + b = c$$

を満たす、互いに素な自然数の組 (a, b, c) に対し、

$d = \mathrm{rad}(abc)$ とする。

このとき、任意の実数 $\varepsilon > 0$ に対して

$$c > d^{1+\varepsilon}$$

となる組 (a, b, c) は、

たかだか有限個しか存在しないであろう。

をnの根基／radical（ラディカル）といい、「rad(n)」と書き表します。例えば24の場合、素因数分解をしていくと2×2×2×3で、最終的に$2^3 \times 3^1$になりますよね。根基は素因数の指数をすべて1にしますから、$rad(24)=2^1 \times 3^1=6$となります。

以上を踏まえた上で式を見ると（前頁、図7-3）、abc予想とは、$a+b=c$を満たす、互いに素な自然数、すなわち共通の素因数を持たない自然数の組（a、b、c）に対し、$d=rad(abc)$とすると、大体は$c<d$になるであろう、ということを少々難しい数式で表現したものです。これは足し算代表cとかけ算代表dを比べる不等式です。イグザクトに成立すると予想しているのではなく、かなり少ない例外を除けば統計的に大体こうなりますよ、と言っているんです。

うーん……なんか一気に難しく感じてきました……。

例えば、$a=2^i$、$b=3^j$とします（図7-4）。aの素因数は2だけ、bの素因数は3だけだから、aとbは互いに素です。abc予想の式の中に入れる条件を満たしていますね。そして、cの値は2^i+3^jとなります。

図7–4

$a = 2^i \quad b = 3^j \quad c = 2^i + 3^j$

$$d = \mathrm{rad}(abc)$$
$$= \mathrm{rad}(2^1 \times 3^1 \times c)$$
$$= \mathrm{rad}(6c)$$

$$d = \mathrm{rad}(6c) \leqq 6c$$

← cは2と3以外の素数で2回以上割り切れるかもしれない

cを素因数分解して7が2回以上現れたら……

$$c < d \leqq \frac{6c}{7}$$

← 矛盾している！

つまり、cが7以上の素数で2回以上割り切れることは大体においてない。

次に根基の計算ですが、素因数の指数をすべて1としますから、$d=\mathrm{rad}(abc)=\mathrm{rad}(2^1\times3^1\times c)=\mathrm{rad}(6c)$となります。$c$は2と3以外の素数で2回以上割り切れる可能性もありますから、$d=\mathrm{rad}(6c)\leqq 6c$になります。

こんなことは絶対にあり得ないのですが、話を分かりやすくするために、cが5の2乗であると仮定しましょう。$\mathrm{rad}(6c)=\mathrm{rad}(6\times5^2)=6\times5=30$となる。一方の$6c$は$6\times5^2=6\times25=150$ですから、$\mathrm{rad}(6c)$の値が$6c$以下になるというのは、なんとなく理解できますよね?

$d=\mathrm{rad}(6c)\leqq 6c$となることは分かりました。

そこで例えばですが、cを素因数分解すると、7という素数が2回以上現れるとしますね。とすると、dの値は$\frac{6c}{7}$と同じか、あるいは小さくなるはずです。根基は素因数の指数をすべて1にしてしまうからです。でも$\frac{6c}{7}$はcより小さいですから、dはcより小さいことになってしまいます。このように考えていくと、大体において$c<d$であるという予想に矛盾が生じてしまうのです。

この場合、abc予想が正しいのであれば、cは7以上の素数で2回以上割り切れることが大体においてないということになります。cがより複雑な数になったとしても、素因数分解をすると素数はたかだか1回ずつしか現れない、スペクトルがフラットになるという話につながるのです。以上が、ａｂｃ予想が我々に教えてくれるものの一例となります。

すごい……足し算とかけ算、素数と、今までのお話が一気につながっていった感じがあって面白かったです。

この予想は、足し算とかけ算の関係性に関して、ちゃんと定理として証明できる形で予測したもののなかでは、おそらく人類最初のものとなります。足し算がかけ算の構造をぶち壊す、そのぶち壊しの程度をきちんと統計的に予測してくれている。以前の数学では、ここまでメスを深く切り込んだことはなかったでしょう。

ａｂｃ予想は35年間にわたり数々の数学者の頭を悩ませてきたのですが、２０２１年、京都大学数理解析研究所・望月新一教授の「宇宙際《うちゅうさい》タイヒミューラー理論／Inter-universal Teichmüller theory」（以下、ＩＵＴ理論）についての論文が専門誌に掲載され、これをもってａｂｃ予想が証明されたと発表がありました。ＩＵＴ理論については現在でも議論が続いていますが、いずれはなんらかの形で決着がつけばいいと思っています。

第8章
新しい数学は生まれるか

複数の数学の舞台で作業する

前章のabc予想について、ド文系なりに復習してみます。同じ素因数を持たない2つの自然数aとbの和をcとします。aとbとcはたがいに素、つまり共通の素因数をもちません。そして、aとbとc、それぞれを素因数分解し、そこに現れる素数の指数をすべて1にする。それらをかけ算したものがdとなりますが、統計的に見て、大体はc∧dになるぞと。

そんな感じです。

私たちが小学校の算数で習った「足し算」と「かけ算」で数の大きさを比べているわけですから、容易に証明できそうな気もしますが……これが何十年にもわたり多くの数学者の頭を悩ませてきた。ところが、望月新一教授がＩＵＴ理論によってこれを証明してみせた（註）ということなんですね。

（註）前述の通り、IUT理論がabc予想を証明しているか否かについては、（2025年3月現在）まだ議論が続いている。

実はIUT理論はもともと、abc予想を証明するために考えられたものではないんですよ。望月さんにとっては、これまでにない新しい数学のやり方を開発するための、壮大な枠組みとなる理論を構築したのであって、その構築した理論の力を示すための応用がabc予想だったのです。

細かく説明しだすとキリがないから、「IUT理論がどんなことをしようとしているのか？」という点だけをざっくりと押さえておきましょう。

まずは、望月さんが日頃から言っている「正則構造」という言葉を説明しましょう。ポイントは、2つの次元があるということ。その2つの次元は連動し合っていて、一方だけを独立に扱うということができない。このように2つの要素が一蓮托生になっているものを正則構造と言います。

自然数の足し算とかけ算の関係もまさにこの2つの次元に対応しており、両者は分かち難《がた》く固く結びついているのです。abc予想は、この正則構造を分解して柔らかくしてくださいと、無理な要求をしているんですね。ちなみに、この正則構造に縛られているために解けずにいる難題は、abc予想以外にもいくつか存在します。

望月さんはこの正則構造をいじるために、「1つの数学の舞台ではなく複数の数学の舞台で作業しよう」と考えつきました。それが「宇宙際」です。数学でいう「宇宙」とは天体の宇宙ではなく、計算をしたり理論を証明したりする舞台のことをいいます。複数の国が関係することを「国際」というように、望月さんは複数の宇宙が関係し合うことを「宇宙際」と名付けたのです。

……で、複素数の話を出しましょうか。複素数については第4章でも少し触れましたね。

それ以上聞くとアタマが痛くなりそうです。

はい、ここもざっくりといきましょう。正則構造の説明をするためには、複素関数論についての話が必要不可欠です。そもそも関数とは、xに何か数を入れてあげるとyが出てくる……そうした仕組みのことを言います。複素関数はxやyに入る数を複素数まで拡張したものですが、この複素関数の世界でも正則構造が存在するのです。
複素数はａ＋ｂiで表され、ａは「実部」、ｂは「虚部」と呼ぶことは高校でも習ったかと思いますが、まさにこの実部と虚部が２つの次元となっています。どちらか一方を固定して、もう他方を塗り替えるという勝手なことはできない。非常に固い構造をもっているのです。
複素関数論の世界では、正則構造をあえて破壊することによって関数や図形の性質を調べるという理論があります。関数の正則構造に揺さぶりをかけることによって、その構造の中身を知ろうとする……非破壊検査ならぬ破壊検査なんですけど。

刑事みたいですね。揺さぶりをかけてみて、その反応から相手の本性を知る。

田舎のおふくろさんの話をすると意外な反応が返ってくる……当たらずといえども遠からずですかね。その理論を初めて唱えたのがオズヴァルト・タイヒミュラー（１９１３〜１９４３）というドイツの数学者でして、彼の名前をとってタイヒミュラー理論と呼ばれています。彼は第二次世界大戦で戦死しちゃったんですけどね。

とにかくＩＵＴ理論の考え方も、そのタイヒミュラー理論にヒントを得ているのです。大事なことは、２つの次元が連動している状況をあえて壊すということ。喩えていうなら、望月さんはかけ算だけが成立する宇宙を作って、足し算との関係を切り離し、１つの宇宙では成立しえなかった、足し算とかけ算をそれぞれ独立に扱う柔軟性を手に入れた、というわけです。

現在は変革期――「決定的に正しい」から「事実的に正しい」へ

新しい発想が生まれたことで、数学の世界には何か変化が起こるのでしょうか。

数に対する感覚、見方が変わってくるのではないかと思います。繰り返しになりますが、数には足し算とかけ算という２つの次元があって、そこには神秘的な関係性が存在するのだということが明らかになるわけですから。ａｂｃ予想の解決によって、かなりの数の整数論の問題が解けるようになると思いますが、それとは別に、数の神秘性はさらに深まっていくことでしょう。そうすると、その神秘性をもっと白日のもとにさらけ出そうという、新しい試みが出てくるでしょうね。

例えば、リーマン予想にも現れるような素数分布ですが、宇宙論の公式にも関係があるのではないかという指摘がなされているんです。素数の分布を宇宙の真理と関係づけるような、20～21世紀的な数学の見方からするとトンデモな考えに結びついていく可能性もあると思います。

数学はまさに今、変革期にあるような気がします。「数学的な正しさとは何か」というところも、だんだんと変わってきている。その一つには、量子力学の影響があります。量子力学が生まれてすでに１００年が経過しましたが、量子力学的な世界観の影響は、数学にもかなり具体的に及んでくるようになりました。

量子力学といえば「シュレーディンガーの猫（註）」ですよね。箱に入れられた猫は生きているのか死んでいるのか……実際に観測するまでは確実ではない。数学もそのような考え方へと変わっていくわけですか。

（註）オーストリアの物理学者エルヴィン・シュレーディンガー（1887〜1961。1938年のドイツによるオーストリア併合の際にイタリアに亡命。1939年にアイルランドに亡命）がおこなった思考実験。一定確率で原子核崩壊を起こす放射性物質と、原子核崩壊を検知すると毒ガスを放出する装置と一緒に箱に入れられた猫は、蓋を開けて観測するまで生きた状態と死んだ状態が併存するという、量子力学の考え方が表れている。

決定論的な数学から、統計的・確率的な数学の見方へと変わっていく。つまり、「数学とはバチッと答えが出るものだ」から、「バチッと答えが出るのは例外で、ほとんどは統計的なものでしかない」という新しい数学観に昇華していくかもしれません。先ほどのabc予想でも、「大体」という言葉が出てきましたよね。

量子力学の話で言えば、非常に有名な「二重スリット実験」があります。2つのスリット（細長い穴）があいた板を用意して、そこに向けて電子を飛ばしていく。物質には「粒」と「波」の2つの性質があるのですが、どのスリットを電子が通ったのかを観測することで、その振る舞い方を調べようというものです。この実験では、一個一個の粒子がどのスリットを通るのかを把握することはできませんが、何パーセントの粒子がスリットを通っていくのかということは、かなり正確な数値で予測できるのです。

そうしたふうに数学も、「決定的な正しさ」よりも「事実的な正しさ」のほうに振れていく可能性がありますね。個々の具体例に関しては何もわからないけれど、統計的にはかなり正確に定量的にその確率を評価できる。22世紀の数学の正しさは、量子力学的な正しさに似ていくのではないかと思います。もうすでにその片鱗は、最近よく耳にする量子計算とか、量子コンピュータの原理なんかにも現れています。

かなりのパラダイム転換が起こりますね。

パラダイム転換を引き起こす要因としては、もう一つ、最近話題の機械学習の存在も考えられます。機械学習とは、コンピュータに膨大な量のデータを読み込ませて、さまざまなアルゴリズムに基づいて規則性や関係性を学習させる技術のことをいいます。そのなかでも、人間の神経細胞（ニューロン）を模して生み出された深層学習（ディープラーニング）は、より複雑なデータを扱えるようになりました。

深層学習の中身をみていくと、ものすごくたくさんのノード（情報処理をおこなう場所）

がお互いにつながり合っている。入力層から入ったデータは、大量のノードがつながっている中間層を伝わっていき、出力層で最終的な予測が出てきます。ただ、結果が出るまでの過程は、ほぼ〝ブラックボックス〟となってしまっています。何百、何千、何万とあるノードがどのような働きをしたと具体的に説明できるわけではありません。人間の脳も同様に、一個一個のシナプス（神経細胞の接続部分）の働きを説明することは、おそらく今後も困難だと思うんです。ただ、細かいところの仕組みはわからなくても、「全体としてはこういうことができているんだ」ということは、かなりの確度をもって説明できている。

数学においてもプロセスは重要でなくなる？

そうかもしれません。というより、「プロセス」の意味がどんどん広くなっていくという感じです。これまでの数学では、ある一定の結論を出すプロセスを全部明らかにしていき、なぜその証明が成立するのかをすべてちゃんと説明できていました。いわば究極の〝アカウンタビリティ（説明責任）〟が大きな特徴だったのです。これからの数学においては、なかなかアカウントできないものがたくさん出てくる。つまり、確率論的にしか正しさが担保できないとき、従来的な意味での「プロセス」では証明を書いてみせることができない定理もあり得るのではないかと思うんですね。すべて明確に説明できなくても、結果が大体合っていて、その「確からしさ」がちゃんと評価できるとか。

モラルハザードの始まり

話を聞いていると、今までの価値観が崩壊しそうです。

〝モラルハザード〟はすでに始まっていますよ。まあ、そもそも論証的な数学なんて、2500年くらいの歴史しかもっていませんから。トロイア戦争よりも後と考えると、わりと新しく感じますよね。古代ギリシャ人たちが証明による論証数学をローカルに始めたのが、「意外といいじゃん！」みたいな形でウケてしまって全世界に広がり、様々な紆余曲折はあったけれども2500年間も栄えた。

その数学が現在、転換点に立っているというだけの話です。3000年後の人間が振り返ると、「今の数学って、第二次世界大戦とか、あの頃にできたらしいよ」「えっ、そんな新しいものだったの？」みたいな話をするかもしれません。

というか、今までの数学の正しさについても、「たまたま正しかっただけなんじゃない？」と、私は思うんです。

数学のスパッとした正しさに魅力を感じるのに、「たまたまですよ」と言われては、なんかモヤッとします。頭を捻りながら頑張って正解に辿り着いたのに、「いや、あなたの出した答えは正しいんだけど、それは一時的なものなんですよ」と言われたら、誰だってブチ切れると思いますけど？

うん、この話はあんまりウケがよくないんですよね。例えば三平方の定理は、それによってひとつの幾何が成り立ってしまうというほど正しい定理です。でも、そうした「決定論的正しさ」はすごく例外的なのではないかと思っていて。私たちは例外的で珍しいものを見たときに美しさを感じるわけですから。つまり、ほとんどの数学は、そんなに美しいものではない。

がーん！　ここまで数学の神秘性や美しさについてさんざん話をしてきたのに、最後にこの仕打ちですか。

甘いですね……世の中っていうのはもっと汚いものなんだよ……。まあ、だからといって、「一意的な答えが出る」という意味での数学が損なわれるわけではありません。たまであったとしても、正しさというものの崇高さは崩れない。そうした価値の、数学全体のなかでの位置づけが変わるだけです。

我々は来たるべき数学の汚さの時代に向けて、気持ちを準備しておくべきです。「数学って実は汚かったんだ。でもそのなかには、美しいものもあるんだ」くらいに思っておくのがいいかもしれません。

宇宙人にとっての「無限」とは？

フランスの哲学者、カンタン・メイヤスー（1967〜）の『有限性の後で』という著書があるのですが、この内容が実に衝撃的なのです。科学法則というのは事実的だ。要するに科学法則は普遍性を持たなくて、単に偶然的なものなんだ。だから科学法則も明日は、ぜんぜん違うものになるかもしれない。変化の確率が非現実的なレベルで低いから、それがたまたま起こっていないだけだ、みたいなことが書かれているんですよ。

私はそれを読んで、数学も同じではないかと思いました。数学は絶対的に正しいと、みんなが信じて疑わないですよね。でも、数学だって偶然的なものである可能性はある。経験科学と同じように、明日にはその正しさが変わっていてもおかしくない。では、どこに変化の余地があるかというと、「無限」がまさにその一つなのです。

第6章でもお話ししたとおり、我々は「無限」をかなりないがしろにしている、あやふやに取り扱っているわけですよね。それなのになんとなく「共通のコンセンサス」で切り抜けていけているのは、我々が人間だからです。「無限」一つをとっても、そこには人間の独特の認知や思考の癖が表れている。
もし宇宙人が現れたら、ぜんぜん違う「無限」の取り扱いをするかもしれません。彼らのやっている数学は我々とはまったく違う数学であって、手を動かしてできる、現象として現れるところの外側にあるのかもしれない。我々が「無限」を理論化するために作るフレームワークは直線的ですが、宇宙人が作るフレームワークは、もしかしたら円環状のものかもしれません。

人間には人間の、宇宙人には宇宙人の数学……。我々が享受している数学は、人間の独特の思考の歴史が積み重なってできたということですよね。例えばですが、数学を最初に始めた人たちが、もしその美しさや楽しさという〝遊び〟の部分に気づかなかったら、現在の数学はどのような形になっていたのでしょう。

数学を最初に始めた人が誰のことを指すのかにもよりますが、ここは古代ギリシャ人ということにしておきましょう。もし古代ギリシャ人たちが、数学の論証によって正しさの連鎖を作り出すことができるということに気づかなかったとしたら……現在の数学は実用的な知識の集大成になっていたでしょうね。それでもたぶん人類は、今くらいには幸せだっただろうと思います。

数学が徹底的に実用的だったとしても、人類はちゃんと月にロケットを飛ばすことができたはずです。どのような形のロケットを作ればいいか、どういうタイミングで打ち上げればいいかは計算すれば分かりますから、証明なんか何もしなくていいわけです。ただし、理論がないとなると、開発には長い時間がかかったかもしれません。

古代ギリシャ人たちが証明を積み重ねていく「論証数学」を発展させてくれたからこそ、科学技術も急激に進歩を遂げることができました。「例えばこういうこともできるんじゃね?」「ああいうこともできるんじゃね?」と、予測可能性が深まったからですね。

なぜ我々は数学をするのか

ケンカ腰で始まったこの対話も、そろそろ終わりに近づいてきました。というわけで、私が高校生の頃に感じていたある問いに話を戻したいと思います。要するに、「なん

で数学をしなきゃいけないんだろう」「数学をやってなんのためになるんだろう」……ド文系であれば誰もが1回は抱いたことがある問いです。加藤先生ならどう答えるんですか？「人間という存在をより深く理解するため」とか？

おお……なんかすごい質問が来たな。それで思い出しましたが、ポール・ゴーギャン（1848〜1903）というフランスの画家がいましたよね。「我々はどこから来たのか我々は何者か我々はどこへ行くのか」という有名な作品があります。ゴーギャンは人間という存在について根源的な疑問を抱いて、あの139・1センチ×374・6センチという大きな絵を描いた。ボストン美術館の所蔵ですが、京都で展覧会が開催されて、本物を観にいったことがあります。「我々はどこから来たのか我々は何者か我々はどこへ行くのか」――この問いに数学は答えることはできないんだろうなあと、僕はその絵を鑑賞しながら思いました。

数学はそうした哲学的な問題に対して、かなり深いところにまで到達できるかもしれないけど、究極的には答えられないでしょう。やはり、数学はどちらかといえば実学的なものなのだと思います。

数学と社会の距離はどんどん縮まっています。我々は毎日のようにICカード決済を行っていますが、それは「楕円曲線」という数学が応用されて、高いセキュリティを保証できているからこそ実現しているのです。先ほど話にのぼったAIの深層学習も、数Ⅲで習う微分積分学の「連鎖律」が基礎になっています。

このように実用的な側面は大きいけれど、それでも数学は人間の精神を高め、人生を豊かにするものであると実感することがあります。

「はじめに」でもお話ししましたが、エヴァリスト・ガロアという、20歳のときに決闘で亡くなった破天荒な天才数学者の伝記を書くためにいろいろ調べているとき、ガロアの幻像を求めてパリの街を調査したり、当時のパリの文化・風俗などについて調べたりしたことがありました。人間としてのガロア像が朧《おぼろ》げながらに感じられたときなどは、自分は数学を楽しみ、数学を通して人間を知ることに喜びを感じているのだと、心から実感しました。

数学には、本当にいろいろな楽しみがあるのだと思います。それは単に「実用的」な側面からは計り知れない、数学と人間の深い関わりから来ているのでしょう。

数学をポップカルチャーに！

私は以前から、数学をポップカルチャーにしたいと思っています。アニメやゲームや音楽のように、誰でも気軽に楽しめる、ポップな文化にしたいということです。数学にはその可能性が十分にあると思います。

数学をポップに？　また大きく出ましたね。

アニメやゲームや音楽といったおなじみのポップカルチャーにおいては、その中心に「コアカルチャー」があって、その周りに「周辺カルチャー」が発達しています。例えば、アニメにおいては、実際のアニメやその制作プロセスがコアカルチャーとしてありますが、その周辺には同人誌や声優さんのファンクラブ、コスプレなどの周辺カルチャーが広がっています。これらの周辺カルチャーは、例えばアニメ自体の制作には直接関わってはいません。そういうところに関わるのは、ほんのひと握りの人々です。

しかし、周辺カルチャーがあって、楽しみ方の可能性がいろいろあるからこそ、多くの人たちが、そのカルチャーに積極的に参加できるわけです。

数学も同じで、単に研究とか社会実装といった「コアな部分」だけを見ていると、参加できる人たちはとても少ないように思います。ですが、最近は第5章で紹介した「素数大富豪」や、「MATH POWER」のような、誰でも参加できるイベントも出てきました。これらは、数学の周辺カルチャーとして今後も発展していってほしいと思っています。また、私がガロアの幻を追い求めてパリの風俗や文学、街並みを調べたことも、数学の周辺カルチャー的な楽しみ方の一つだと思います。

数学も他のポップカルチャーのように多彩な周辺カルチャーをもつようになれば、誰でも気軽に楽しんだり、参加できるようになるでしょう。今までは、コアカルチャーとしての数学しか見えてなかったのです。だからとっても苦しかったし、参加しづらかった。

確かに、ちょっと興味があっても、雰囲気があまりにもガチすぎて、どこから数学の世界に入っていいのかよく分かりませんでした。でも、周辺カルチャーであれば、私でも気軽に楽しむことができるのかもしれません。

そう！　そういうことなんですよ。数学が苦手だと思っている人は、それは勘違いかもしれません。数学は異種格闘技。きっとあなたの好きな、楽しい分野があるはずです。

構成・小峰敦子

加藤文元（かとう　ふみはる）

1968年、宮城県生まれ。ZEN大学教授、東京工業大学（現・東京科学大学）名誉教授、株式会社SCIENTA・NOVA代表取締役、ZEN数学センター（ZMC）所長、NPO法人数理の翼顧問。97年、京都大学大学院理学研究科数学・数理解析専攻博士後期課程修了。九州大学大学院助手、京都大学大学院准教授、東京工業大学教授などを経て現職。『宇宙と宇宙をつなぐ数学　IUT理論の衝撃』（KADOKAWA、のち角川ソフィア文庫）で第2回八重洲本大賞を受賞。ほかに『ガロア　天才数学者の生涯』（角川ソフィア文庫）、『数学の世界史』（KADOKAWA）など著書多数。

文春新書

1486

数《かず》の進化論《しんかろん》

2025年4月20日　第1刷発行

著　者　加藤文元
発行者　大松芳男
発行所　株式会社 文藝春秋

〒102-8008　東京都千代田区紀尾井町3-23
電話（03）3265-1211（代表）

印刷所　理想社
付物印刷　大日本印刷
製本所　大口製本

定価はカバーに表示してあります。
万一、落丁・乱丁の場合は小社製作部宛お送り下さい。
送料小社負担でお取替え致します。

ISBN978-4-16-661486-8

文春新書のロングセラー

磯田道史
磯田道史と日本史を語ろう
日本史を語らせたら当代一！　磯田道史が、半藤一利、阿川佐和子、養老孟司ほか、各界の「達人」を招き、歴史のウラオモテを縦横に語り尽くす
1438

エマニュエル・トッド　大野 舞訳
第三次世界大戦はもう始まっている
ウクライナを武装化してロシアと戦う米国によって、この危機は「世界大戦化」している。各国の思惑と誤算から戦争の帰趨を考える
1367

阿川佐和子
話す力
心をつかむ44のヒント
初対面の時の会話は？　どう場を和ませる？　話題を変えるには？　週刊文春で30年対談連載するアガワが伝授する「話す力」の極意
1435

牧田善二
認知症にならない100まで生きる食事術
認知症になるには20年を要する。つまり、30歳を過ぎたら食事に注意する必要がある。認知症を防ぐ日々の食事のノウハウを詳細に伝授する！

1418

橘 玲
テクノ・リバタリアン
世界を変える唯一の思想
とてつもない富を持つ、とてつもなく賢い人々が蝟集するシリコンバレー。「究極の自由」を求める彼らは世界秩序をどう変えるのか？
1446